浙江省高职院校“十四五”重点立项建设教材

鸡尾酒调制与创新

王伟 编著

化学工业出版社
·北京·

内容简介

《鸡尾酒调制与创新》一书基于鸡尾酒创新制作的原则、要素，从基酒创新、辅料创新、载杯创新和装饰物创新等方面阐述鸡尾酒创新的途径与方法，并结合东方审美情趣和饮酒偏好，呈现了60款独具特色的创意鸡尾酒酒谱和30款创意鸡尾酒作品，并对每一款创意鸡尾酒的配方、调制方法、创意说明、器材、口味特征进行说明。

《鸡尾酒调制与创新》融理论阐述和创新实践于一体，突出调酒产业的实践创新需扎根于成熟的理论成果，系统阐述调酒技艺应遵循"理论指导实践"这一内涵。书中特色鸡尾酒的创意灵感来源于中华悠久的传统文化，体现洋为中用、古为今用的创造性转化与创新性发展。本书为浙江省高职院校"十四五"重点立项建设教材。

本书可作为高职及本科院校旅游管理、酒店管理、餐饮服务与管理、会展服务管理、民宿管理等专业的教材，也可供中职院校相关专业选用，同时也可作为酒吧经营与服务人员、调酒师、餐饮和饮品行业从业者参考、学习的资料。

图书在版编目（CIP）数据

鸡尾酒调制与创新 / 王伟编著. -- 北京 : 化学工业出版社，2024. 10. --（浙江省高职院校"十四五"重点立项建设教材）. -- ISBN 978-7-122-46509-2

Ⅰ. TS972.19

中国国家版本馆 CIP 数据核字第 2024TU9876 号

责任编辑：姚晓敏　　　　装帧设计：韩　飞
责任校对：边　涛

出版发行：化学工业出版社
（北京市东城区青年湖南街 13 号　邮政编码 100011）
印　　装：涿州市般润文化传播有限公司
710mm×1000mm　1/16　印张 9½　字数 134 千字
2025 年 1 月北京第 1 版第 1 次印刷

购书咨询：010-64518888　　　售后服务：010-64518899
网　　址：http : //www.cip.com.cn
凡购买本书，如有缺损质量问题，本社销售中心负责调换。

定　　价：38.00 元

前言

改革开放以来，我国实现了从旅游短缺型国家到旅游大国的历史性跨越，旅游业作为国民经济战略性支柱产业的地位更为巩固。“让旅游业更好服务美好生活、促进经济发展、构筑精神家园、展示中国形象、增进文明互鉴”，在全国旅游发展大会上，习近平总书记对旅游工作作出重要指示，强调“着力完善现代旅游业体系，加快建设旅游强国”“推动旅游业高质量发展行稳致远”。

当前，我国休闲旅游消费从低层次、粗糙化向高层次、品质化持续升级，社会对酒吧与旅游专业人才的素质要求也越来越高，因此，酒吧行业高技能型人才的培养也需要与时俱进，旅游类专业要依据新环境开展互动性强、具有体验性和创新性的课堂教学和实践，也需要具有一定创新理念的酒水与酒吧管理类教材。为此，我们汇集相关领域的专家，并结合时代背景和教学目标，参考前沿的理论创新和实践研究成果，撰写了《鸡尾酒调制与创新》这一教材，供广大读者参阅。

本书共分四章内容，融理论阐述和创新实践于一体，突出调酒产业的实践创新需扎根于成熟的理论成果，系统性地阐述调酒技艺遵循的“理论指导实践”这一内涵。全书包括鸡尾酒调制与创新基础、鸡尾酒调制与创新的途径与方法、创意鸡尾酒酒谱的东方美学构思、鸡尾酒创新调制的设计实践等内容。书中展示的作品灵感来源于中华民族优秀的传统文化，并将民族风格和地域文化特质相结合。教材内容体现知识性和价值性的统一，把课程思政融入教材编写中，立足中国国情，体现中华传统文脉。

首先，在思想上高举“立德树人”之旗。传统的“调酒技艺”作为一门以西方文化为载体的课程，要求任课教师应站稳根本立场，高举“立德树人”之旗。本书将引导青年学生把习近平新时代中国特色社会主义思想落地生根，将“德”的内涵浸润进教材，进学生头脑，把工匠精神、中华优秀传统文化等思政元素的“盐”溶解入教材的“水”中。

其次，在意识上绘制“中西合璧”之图。本书倡导洋为中用、古为今用，灵活嵌入中华传统文化元素。让学生在掌握专业调酒技术技能的同时热爱中国传统文化，学以致用，绘制“中西合璧”之图，通过调制东方美学创意鸡尾酒这种方式传播中国文化。

再次，在理念上弘扬“中国服务”之美。旅游业有可能也有条件成为“中国服务”战略的核心产业和先导领域，将“中国服务”从酒店业开始，拓展到整个服务业。本书立足酒店行业，将“自主创新，具有中国品牌”的特色服务理念渗透到教学中去，培养具备“中国服务”精神、掌握“中国服务”能力的行业接班人。

最后，在行动上编织“寓德于教”之网。本书通过构建“全课程”育人体系，让爱国主义成为当代青年的坚定信念和自觉行动，引导学生树立正确的世界观、人生观和价值观。倡导“育德于教”，寓价值观引导于知识体系之中，使学生在渴望求知的兴奋和愉悦心境下接受熏陶，启发学生自觉认同，产生共鸣与升华。

本书第三章和第四章内容是对鸡尾酒调制与创新的实践，其中不乏一些扎根传统文化、体现东方美学的创作案例。其中的一些案例，在不同调酒师的手中，通过调整基酒和原材料配方、改变调制方式、变换装饰物与载杯等方法，创新制作出新的鸡尾酒作品。编者特别录制了几款创意鸡尾酒的制作过程视频（见二维码链接），以飨读者。

本书由浙江商业职业技术学院王伟老师编写。编写过程中得到浙江省德清县职业中等专业学校嵇丽芳老师与赵芳主任、浙江商业职业技术学院朱辰杰老师与胡均力老师、千岛湖中等职业学校严国华老师、浙江经贸职业技术学院罗斌老师、杭州第一技师学院李历老师、江苏旅游职业学院谭兴梅老师的指导和帮助，尤其在美作访问学者期间得到了 Ann Lee 教授和 Alice Qu 博士的悉心指导，在此一并表示深谢。

本书在编写过程中借鉴了一些学科前辈及相关领域专家的理论和实践成果，同时也参考了酒店服务和餐饮学术领域各类书籍及网站资讯等。由于编者专业水平有限，书中不足之处恳请广大读者批评指正。

编著者

2024 年 2 月

目录

第一章

鸡尾酒调制与创新基础

鸡尾酒产业正朝着产品多元化趋势发展，鸡尾酒的健康化和个性化、口味的新奇和独特的体验，正成为消费者追求的新热点，因此，鸡尾酒的配方需要不断创新，才能更好满足品饮者的消费需求。在创新的过程中，调酒师应遵循口感平衡、色彩搭配协调、创意独特等基本要求。

第一节　国内鸡尾酒消费的发展趋势

“鸡尾酒”（cocktail）一词在英文中由 cock（公鸡）和 tail（尾）两词组成，自然就有了鸡尾酒的名称。鸡尾酒是由两种或两种以上的酒水饮料，按一定的配方、比例和调制方法，混合而成的饮品。鸡尾酒是浪漫的艺术饮品，每一杯鸡尾酒都力图追求和拥有独特的风格。中国年轻一代的消费者拥有多层次的审美需求和多元化的接纳能力，因此，鸡尾酒受到中国年轻一代消费者的喜爱。

创意鸡尾酒是一种倡导健康、追求身心和谐的酒精饮品，它不仅适于在酒店、咖啡馆、酒吧等场所饮用，还可以在家动手制作，根据个性化需求配制养生类鸡尾酒。新型创意鸡尾酒不仅满足了消费者健康饮用的需求，而且迎合了人们对酒品艺术欣赏的追求。比如，将东方传统的茶饮文化与饮酒文化进行适度渗透融合，将健康的果蔬汁、酵素、五谷杂粮榨汁等与传统基酒进行有机结合。

中国的鸡尾酒消费市场呈现出以下特点与发展趋势。

1. 鸡尾酒消费群体数量提升，消费场所多样化

从性别角度来看，男性是酒类饮品的消费主力，然而随着都市女白领数量不断增加，女性消费者逐步成为鸡尾酒消费的新生力量。从年龄角度来看，鸡尾酒市场上最主要的消费者群体是年龄在 18 ～ 40 岁之间的青年人群。随着国内最早接触鸡尾酒消费的 75 后和 80 后人群逐渐步入中年，他们对于鸡尾酒饮品的认可也会推动鸡尾酒消费人群数量和结构发生变化。

鸡尾酒消费市场很大程度上是由快节奏娱乐生活拉动。在国外，鸡尾酒消费很重要的一个场所是剧院，而在中国，80 后、90 后消费者因群体性活动的偏好，一些酒会、民宿、剧场影院、会所等逐渐成为鸡尾酒消费的新场所。

如今，经济的快速发展和人们的多样性需求触发诸多新休闲消费场所的诞生，这些场所中有很多正成为鸡尾酒消费的新场所，比如，伴随我国民宿产业的兴起与发展，当新消费群体到民宿进行消费时，经营者除了满足他们住宿这一核心需求外，同时也要满足其他附加的消费需求。因此很多民宿经营者引入鸡尾酒消费，使其成为吸引顾客的亮点之一。

2. 市场不断追求风味创新

鸡尾酒本身的风味以及整体口感是消费者购买鸡尾酒的重要因素，而鸡尾酒的口感和风味创新能更好地吸引大众消费者，激发新消费群体的购买欲望，比如基酒和辅料的创新、装饰物的变换、对鸡尾酒的二次包装与营销、调酒师的自身魅力影响，这些都成为鸡尾酒的创新要素。

3. 消费者的消费观不断提升

据调查，87% 的消费者认为鸡尾酒口感和品质的稳定性非常重要。调查还发现，多数消费者在点单时对饮品需求有相对明确的心理诉求，并非完全抱着尝试与体验的心态。鸡尾酒消费者还可以通过多种渠道获取鸡尾酒相关知识，这些都表明消费者对鸡尾酒消费越发理性，更加追求酒品的品质。

4. 家庭饮用需求刺激预调鸡尾酒增长

近年来，欧美家庭对预调鸡尾酒市场的消费需求与日俱增，而中国市场预调鸡尾酒的市场占有率并不高，且品牌相对单一。随着年轻消费群体的崛起，以家庭消费为主体的市场空间将被拓展，而预调鸡尾酒需求也将被激发。中国的一些知名酒企也创新了白酒品饮的方式，大力弘扬制酒传统与创新的结合，引领消费升级的新趋势，开创中国白酒国际化发展路径。中式鸡尾酒的创新也带动了国内外潜在消费群体对中国白酒的认同，进而推动中式鸡尾酒的风靡与流行。

5. 带有区域特征风味的鸡尾酒愈发受到欢迎

鸡尾酒需求的增长使带有区域特征风味的烈酒的需求量水涨船高，如口感丰富多样的中国白酒、以白酒为原料的浸泡酒、巴西的甘蔗酒、智利和秘鲁的皮斯科酒等，并引领新的鸡尾酒消费时尚。今后在中国酒吧或餐饮会所，那些充满拉丁风情、英伦经典风味、亚洲特色、东南亚风格的各式鸡尾酒会受到更多关注。

6. 分子鸡尾酒将崭露头角

分子技术越来越多地应用于各行各业中，比如料理师充分运用分子技术，突破传统料理方法推动新料理技术的更新。作为与时俱进的鸡尾酒产业也在逐步引入这一技术，在调酒过程中利用诸多物理、化学方法，研发出不同特性和形态的鸡尾酒饮品，并形成新创意。预计中国的一、二线城市的高端消费场所将会出现不少创新形态的鸡尾酒，如凝胶鸡尾酒、泡沫鸡尾酒、雾气鸡尾酒、烟熏鸡尾酒等高端的分子鸡尾酒。

7. 养生型鸡尾酒将形成风尚

如今，人们对于自我健康的管理越来越重视，对于饮品和酒品的选择亦是如此。因此，低卡路里、低酒精度甚至无酒精的混合饮品会更受消费者欢迎。许多高端酒水消费场所已走在市场前沿，使用天然食材调制的无酒精鸡尾酒，受到市场普遍欢迎和消费者的普遍赞誉。此外，无添加型果蔬汁、酵素、天然糖浆与果酱、杂粮汁等健康养生原料也被大量用作调制创意鸡尾酒的辅料，从而大大丰富了鸡尾酒创新调制的素材。

第二节　鸡尾酒调制与创新的原则

技术的更新、饮品风味的融合，这些变化都促进鸡尾酒调制方法得到不断完善与创新，也让鸡尾酒这一现代饮品能够不断迎合消费者的需求，并在一定程度上引领时尚消费导向，改变着也吸引着越来越多的消费者。

鸡尾酒从它诞生那一刻开始就一直处在不断的创新之中，鸡尾酒创新制作的过程是体会鸡尾酒变幻莫测、浪漫魅力的过程。鸡尾酒是一种展现自由精神的载体，在鸡尾酒的世界里一切皆有可能。然而，任何一款在酒谱上看到的经典鸡尾酒，在它的产生之初都是一款创新鸡尾酒，之所以在日后慢慢成为了流行的经典鸡尾酒，是因为这些鸡尾酒的创新都遵循了一些基本原则，使得它们具备了强劲的生命力。

鸡尾酒创新制作的基本原则主要包括以下几点。

一、求新——新颖性

任何一款新创鸡尾酒都要突出一个“新”字，这是创作鸡尾酒的首要原则。鸡尾酒的新颖性主要表现在创意、制作方法、酒品风格等方面。

1. 新颖的创意

对于一款创意鸡尾酒，其创意不只是简单地添加一种从未使用的原料、辅料或者装饰物，而是需要围绕创作初衷通过一种或者几种素材的组合进行整体构思，从而达到预期创作目的。创意是根据需要而形成的对鸡尾酒设计的基本理念，而理念是一款鸡尾酒创新设计的思想内涵和灵魂。鸡尾酒创新首先需要明确鸡尾酒要表达的主题内涵，鸡尾酒的设计要求构思新颖独特、与众不同。“红粉佳人”设计立意来源于1912年上演的同名舞台剧，这杯鸡尾酒色泽艳丽、口感润滑、酒度适中，红石榴糖浆与鸡蛋清充分摇和成淡雅的粉色，糖浆的甜润与金酒的杜松子香味相互融合，呈现出和谐迷人的口感。它的内涵与形象与舞台剧中女主人公的形象完美契合，相得益彰。

其次，创意鸡尾酒往往由创作者冠以一个特殊寓意的名字，这在某种程度上体现着创作者对该饮品寄托的情感。从文化角度对创意鸡尾酒赋予灵魂，让饮用者透过它的名字了解该款鸡尾酒背后的故事，因此内涵、寓意或者背后的故事往往成为一款新创鸡尾酒能否被接受、喜爱并流传的关键。

作为有着五千年文明史的东方古国，中华文明源远流长、博大精深，辉煌的灿烂文明也为现代鸡尾酒调制提供了丰富的创作素材。穿越了时光隧道的诗词歌赋、深入人心的戏曲影视、扑朔离奇的神话传说、心向往之的神山大川都为鸡尾酒的创作提供了丰富的创作土壤，激发出东方式创作灵感。

例如，要设计一款与杭州本土文化相关的鸡尾酒，首先要搜集杭州特色的饮酒文化，想到了杭州特色桂花酒、西湖一绝龙井茶与虎跑泉，由此构思出一款带有桂花香味、融合了茶文化主题的现代鸡尾酒。让看似“冲突”的意境在同一时空发生碰撞，在小小一杯鸡尾酒中激发出一个城市独特的文化魅力。

为这样的一款创意鸡尾酒取名为“茶烟醉吟”。其表达的创意思想是古有“以茶代酒”，今遇“茶酒相问”。此酒是以桂花酒为基酒，以蜜桃酒、龙井茶、威士忌为辅料，充分调和后制作出的一款颇具江南韵味的鸡尾酒。将载杯置于茶盘之上，与三杯绕壶相呼应，形成“茶酒相问”的意境。酒水渐变的层次效果，犹如置身江南烟雨朦胧之境，于山外之青山寻香茗，于湖外之绿水觅佳酿。一缕茶烟，一抹酒香。在氤氲雾气之中，以沏茶者的心境品味鸡尾酒中淡淡的桂花酒的清香。这款创意酒体现了不同秉性的两种饮品——茶与酒之间的曼妙结合，古今相衬，动静相宜。

2. 新颖的制作方法

传统鸡尾酒的基本制作方法主要有四种，即兑和法、摇和法、调和法和搅和法。现在越来越多的酒吧开始推广具有表演性和观赏性的鸡尾酒，如一款创意鸡尾酒“熔岩火山”，它的制作过程为：用兑和法先后将蜜桃力娇酒和百利甜酒分别引流入烈酒子弹杯中，之后调酒师在分层酒上垂直滴入数滴红石榴糖浆，利用三种原料酒的密度差异，红石榴糖浆将百利甜酒垂直带入杯底，并在杯中留下一个“蘑菇云”，最后在杯中最上层引流百加得 151 并进行点火燃烧，形成“熔岩火山”这一美妙意境。

调酒师通过不同制作方法调制不同类型的鸡尾酒。当然越来越多的调酒师也在寻找新的方法以突破经典鸡尾酒的风味与特色，通过对调制方式的简单调整可以形成另一种风格的鸡尾酒。比如，可以在鸡尾酒调制过程中对部分基酒或者辅料进行适当加热，通过提高其温度使其口感与常温情况下有所不同，以更好凸显出基酒或辅料的风味。

3. 新颖的酒品风格

酒品是指酒的色、香、味、体作用于人的感官，并给人留下的综合印象。不同的酒品，有其不同的风格；同样的酒品，在不同的环境条件下也会有不同的风格。一款鸡尾酒如果没有与众不同的酒品，是不可能在款式众多的酒林中脱颖而出成为一款为大众所喜爱的鸡尾酒，因此新颖的酒品风格对于一款新创作的鸡尾酒而言至关重要。

二、求易——易于推广

首先，作为即时性消费产品，鸡尾酒的创新必须满足消费者的口味需要。其次，从市场盈利角度考虑，成本适中、操作简便和易于推广也是设计新型鸡尾酒需要考虑的重要因素，这样才能促使创意鸡尾酒在市场上快速获得认可，逐步形成流行与消费偏爱。一款鸡尾酒易于推广的因素有很多，主要涉及以下几个方面。

1. 鸡尾酒设计与制作应以饮用者为中心

鸡尾酒是供人品饮享用的，饮用者的需求应当被放在第一位。不同国家、不同地区、不同性别的人们对鸡尾酒的口味需求各不相同。比如在中国可以采用中国白酒作为基酒，根据不同白酒的特点、香型差异和地区文化进行鸡尾酒的创新。只有以饮用者为中心才能确保鸡尾酒获得一定区域范围内饮用者的认可，也只有在本地区获得认可并逐渐流行的创意鸡尾酒才能在更大范围的市场上建立声誉和影响，进而得到推广。比如，青年人普遍喜欢果汁类以及甜味突出的酒品；女性会比较喜欢酒精度较低或用鲜榨果汁调制的长饮，男性比较喜欢酒香浓郁、酒精度较高的短饮或烈酒。创作一款鸡尾酒之前，作为调酒师必须对品饮者有一定的了解，才能制作出满足消费者需求的鸡尾酒。

由于现代人追求健康的生活，鸡尾酒饮品也需要更加关注绿色和健康的制作理念，因此新型养生类鸡尾酒在着眼于鸡尾酒本身的味、色、形、香的同时，还需要兼顾酒品的营养和保健功能，这就要求鸡尾酒创作者需掌握基本的营养与保健知识，并对未来鸡尾酒可能的流行趋势有一定的预判。比如，时下流行的姜汁系列的鸡尾酒是充分利用姜汁的辛辣味和保健作用——用姜汁调制的养生类鸡尾酒姜香浓郁、不淡不辣又保证姜味的突出；配制西红柿系列鸡尾酒时要突出西红柿的色、味及富含维生素 C 的营养价值；在辅料的选择上可采取一些突破传统的做法，调制一些特征突出、风味独特的养生类鸡尾酒。

2. 酒谱以简洁为上

酒谱简洁明了是鸡尾酒便于推广、促进流行的又一关键要素。酒谱如同菜谱，是鸡尾酒的调制规范和说明，用于具体指导调酒师调制一款鸡尾酒。常用的鸡尾酒酒谱有两种：一种是标准酒谱，另一种是指导性酒谱。标准酒谱写明鸡尾酒调制所需的原料、载杯、调酒器具等的具体规定和操作流程规范。调酒师须按照酒谱所规定的原料、用量以及配制的程序进行调制，是酒吧用以控制成本和保持鸡尾酒质量的基础，也是做好酒吧管理和控制的标准。指导性酒谱是一种仅起指导和参考作用的酒谱。这类酒谱所规定的原料、用量以及配制的程序都可以根据具体条件进行调整。一款创新鸡尾酒要进行推广必须要有它的标准酒谱，经典鸡尾酒酒谱都十分简洁明了。一份便于实操的酒谱会对新创作鸡尾酒的推广和流行起到积极的助推作用。那些耳熟能详的鸡尾酒酒谱的显著特征是内容简洁，才能确保这些鸡尾酒原材料类别不多、容易操作，也方便这类鸡尾酒能快速进入酒吧等场所进行制作和销售。鸡尾酒酒谱的简洁与否直接影响着酒吧是否愿意推销这款鸡尾酒，调酒师是否能快捷地调制出这款鸡尾酒。因此，一款创新鸡尾酒的酒谱简洁，才能被经营场所认可，并得到调酒师的推销。

3. 合理控制鸡尾酒成本

成本影响着一杯创意鸡尾酒的市场生命力，合理的成本运营也是促进一杯好的鸡尾酒流行和长盛不衰的影响因素。创作鸡尾酒要充分考虑鸡尾酒制作、销售的成本。比如，制作一款创意养生类鸡尾酒，其养生原料和素材应当是相对健康、平价，而且方便从市场上购买到，这样才能有利于新创养生类鸡尾酒的推广和流行。

一杯鸡尾酒的成本包含原材料成本、人工成本、店面综合成本等，其中人工成本、店面综合成本等是比较隐性的成本，原材料成本是相对稳定且可控制的显性成本。对于创新型鸡尾酒的设计而言，它的显性成本是决定其是否可以成为酒单上一员的重要因素。合理的成本才能让酒吧等场所经营者主动推广新产品，才能让消费者有机会知晓和了解一款新颖的鸡尾酒。

4. 鸡尾酒原料和器具方便易得

新创鸡尾酒的原料和器具应当能很方便地从市场上买到。从素材来看，家庭调制鸡尾酒在原料选取上应把握酒精度与辛辣度、酸与甜、色彩与口感的均衡协调。酸甜度的调配依靠不同的原料，酸味原料如西柚汁、柠檬汁、橙汁、番茄汁、百香果果汁等，甜味原料包括各种风味糖浆、蜂蜜、柚子茶、菠萝果酱等，这些食材都简单易得。家庭基本配足常用的调酒器具和原料，再用简单的调和制作法来精心调制养生静心的鸡尾酒饮品，对家庭欢乐氛围的营造、生活情趣的培养、生活乐趣的再发现都大有裨益。

5. 鸡尾酒调制方法简便易学

经典鸡尾酒四种基本的调制方法中调和法相对简单易学，所需器具也相对简单，在波士顿摇酒壶中加入原料与冰块，用吧匙棒充分搅拌后滤入载杯即可。相对简单易学的调制方法可以让更多人参与家庭鸡尾酒的制作。对于创意鸡尾酒同样应该考虑这一因素，如果一款新创鸡尾酒满足了消费者的饮用需求、成本控制合理、酒谱简洁并且原料和工具常见易得，但调制方法繁琐复杂，势必会影响学习者的积极性。反之，简单易学的调制方法会进一步推动这款新创鸡尾酒在酒吧及消费群体中的推广。创意鸡尾酒要走入百姓生活，调制方法必须简便易学、上手就会。

三、求特——风格独特

1. 色彩鲜艳独特

色彩是鸡尾酒的特色标签，由于鸡尾酒即调即饮、不能储存，每一杯鸡尾酒都独具魅力且无法复制。此外，调酒师调制的技术、基酒与辅料的比例、载杯的大小形状、装饰物的切摆、出品风格都决定了一杯鸡尾酒的基本面貌和气质。

顾客来到酒吧放松身心时，往往会根据自己当时的心情或所处的环境来选择一杯适合自己当下心境或贴合自我感受的鸡尾酒。因酒水原料色彩差异和载杯不同，鸡尾酒会呈现出各种各样的颜色和形态。在不同的氛围中，人们能够通过顾客手中鸡尾酒的不同色彩理解所传达出的不同情感或者特殊情调。

一般来说，红色会向人们传达出幸福、热情、活力和热烈的情感。粉红色会传达出健康、浪漫的情趣。黄色大多时候是辉煌灿烂、高大神圣的象征。绿色呈现清新活力与生机盎然，使人感到年轻。蓝色给人一种淡淡的优雅与伤感，抑或是纯纯的浪漫，或是表达无际天空和深邃大海的主题，使人感受到平静和希望的魅力。紫色给人一种高贵、冷艳的感觉。白色则会让人感受到纯洁、神圣和善良。

在鸡尾酒调制创新的过程中，因不同的酒体、不同的色彩组合、不同的光度反差、不同的杯形载体设计、不同的酒水装饰物，可以引发人们多样别致的情愫。酒水出品的那一刻，使之超脱物外成为美的艺术品。根据色彩搭配的规律来调制鸡尾酒，主要是依靠人们对色彩的主观感受，凭借这样的感受既能够调制出一杯杯美妙的鸡尾酒，也能够使人们从色彩感受上得到情感的释怀。

在创作鸡尾酒时要特别注意色彩的选用，红、蓝、绿、黄是鸡尾酒创作中用得最多的。在创作鸡尾酒时不但要考虑选择鲜艳夺目的色彩，还要考虑到色彩的与众不同，增强酒品的视觉效果。色彩搭配对于鸡尾酒调制成效而言显得至关重要。在红、橙、黄、绿、蓝、紫六种标准颜色中，红、黄、蓝三种颜色称为三原色。通过原色的适量混合，可以产生出其他色相来。例如，通过三原色中两两等量混合，可以产生出橙、绿、紫三种间色来，即：

红色＋黄色＝橙色

黄色＋蓝色＝绿色

蓝色＋红色＝紫色

间色与间色、间色与原色之间也可以进一步混合，产生复色。间色与间色混合，如：

橙色＋绿色＝柠檬色

绿色＋紫色＝橄榄色

紫色＋橙色＝朽叶色

复色与复色、复色与间色、复色与原色间还可以进一步混合，配出其他颜色。如：

白色＋黄色＝奶油色

白色＋黄色＋红色＝奶黄色

白色＋黑色＝灰色

白色＋蓝色＋黑色＝蓝灰色

白色＋黄色＋蓝色＝湖绿色

蓝色＋黄色＋黑色＝墨绿色

白色＋蓝色＝天蓝色

白色＋红色＝粉红色

黄色＋红色＋黑色＝棕色

黄色＋黑色＝浅柚木色

2. 香气芬芳

香气是鸡尾酒吸引和取悦顾客的重要手段，创作鸡尾酒时展现鸡尾酒的香气十分重要。香气不只会影响鸡尾酒的气味感知，还会直接影响到饮用者的思绪和情感。西柚汁很酸爽，当品饮者情绪不高、心情低落时，西柚汁的香气能让人瞬间感觉畅快起来；薄荷、香草或者豆蔻粉、青橄榄等装饰物也是协调味道的好帮手，与鸡尾酒完美搭配，可以使之和谐相融，并让酒的味道更加深沉隽永。因此，当鸡尾酒独特的香气是一种让人愉悦、芬芳的味道时，消费者才愿意尝试自己眼前的这杯鸡尾酒。此外鸡尾酒也可以寻找嗅觉突破，让潜在消费者被酒水香味所吸引。

鸡尾酒的香气主要来源于酒香、辅料和装饰物香气。调制过程中所用的各种基酒、配制酒、橙味酒、花果酒、药酒等都具有自己独特的香气：金酒的杜松子香气，威士忌的烟熏味和麦芽香气，君度、阿玛热图的橙皮香气，咖啡酒的咖啡香，百利甜酒的奶香，薄荷酒的清香，蜜桃酒的果香，辅料或是装饰物的果香、青柠香、调味粉香，这些香气混合在一起，使调制出的鸡尾酒具有其独特的香气。酒水本身独特的香味很大程度影响着整款鸡尾酒的香气主调，在选择基酒的时候可以寻找一些主流鸡尾酒较少用的酒水，这样呈现出来的鸡尾酒香气会比较特别。此外，它与辅料和装饰物的搭配效果也将影响着整款鸡尾酒的效果，三者之间的香气彼此互补、协调、融合，令鸡尾酒芳香迷人。如“皑皑松露”这款鸡尾酒，在苏红伏特加、白可可力娇酒中添加黑松露菌，使酒水呈现犹如法国大餐里才能呈现出的松露香味，这对于部分热爱美食的消费者无疑具有很大的吸引力。世界第一家香水鸡尾酒酒吧正是基于独特的嗅觉吸引力开办的，它位于柏林丽兹卡尔顿酒店内，独创了一份能让顾客根据香气直觉来选择饮品的鸡尾酒单。

在中国有各种颇具地方特色的浸泡酒，深受百姓的偏爱，如杨梅酒、桂花酒、蓝莓酒、桑葚酒、红莓酒等都带有其特征性香味。如何让这些香气完美搭配，并与其口味、颜色完美契合，可以成为鸡尾酒创新过程中的突破口。

3. 口味独特、卓绝

味觉是鸡尾酒带给消费者最后也是最重要的感知，口味是评判一款鸡尾酒好坏与是否流行的重要标志。有了视觉方面的独特色彩和嗅觉方面的芬芳迷人，消费者最为期待的还是鸡尾酒的口感能否让人感觉新颖独特又回味无穷。基酒口味是鸡尾酒口味的根本，鸡尾酒口味的调配应以基酒为中心，让消费者在饮用之后对其印象深刻，避免辅料“喧宾夺主”。

口味独特是鸡尾酒的风格特征之一，每一款鸡尾酒都有其独特的口味。同时，对于鸡尾酒口味的要求，口味卓绝更为重要，这应建立在酸、甜、苦、辣、咸与酒精度诸味协调的基础上。任何一杯口味过于浓烈的鸡尾酒，都会降低品尝者口腔中的味蕾分辨味道的能力，从而降低酒的品质。

新创的鸡尾酒应当以满足绝大多数人共同的需求为目的，适当兼顾本地区消费者的口味需求。例如，热带地区炎热的气候让人很容易产生闷热烦躁情绪，一款带有酸味的鸡尾酒会为消费者带来凉意，减少炎热高温带来的不适感；而在寒冷地区，当地人在鸡尾酒口味选择时会偏向甜腻一类。

四、求美——秀外慧中、韵味丰富

好看、好闻、好喝，这是对制作创新鸡尾酒的基本要求。上佳的鸡尾酒还要体现主题，让人们在享用美酒的同时又能从中获得精神感悟，即鸡尾酒要表达基本的文化内涵。

都说鸡尾酒是色、香、味的综合艺术，是人类丰富的想象力与情感的直观表达。现代鸡尾酒已不再是若干种酒的简单混合物，制作时除了达到色、香、味综合效果俱佳，还应注重盛载考究、装饰优美大方等条件，使得一杯完整而生动的鸡尾酒不仅成为一件意境丰盈的作品，更是一件充满诗情画意的寄情之物。

鸡尾酒的创意来源所体现的文化内涵应耐人寻味，并主张酒体美的内外兼修。

1. 内在美

鸡尾酒名背后的时间与人物、典故事件等，都赋予一杯鸡尾酒深刻的文化内涵，承载着地域文化特色等。例如，以朗姆酒为基酒的鸡尾酒中最为著名的非“自由古巴”莫属。这款原料极简仅用朗姆酒为基酒兑上适量的可乐而成的鸡尾酒之所以风靡全球，是因为这杯酒反映出人们对自由生活的向往与追求，也因此才让这款简易的鸡尾酒历经百年而经久不衰。

2. 外在美

从外观而言，鸡尾酒的美感一般都是通过色彩变化而进行呈现。调酒时要注意冷暖色调的调和，在具体设计时又应结合时代背景、地区特点和时间差异，针对性地选择不同色调原料。如“特基拉日出”意指在生长着大片仙人掌、荒凉的墨西哥高原上正升起鲜红的太阳，阳光把墨西哥高原照耀得一片灿烂。“特基拉日出”中浓烈的龙舌兰酒、鲜橙汁佐以红糖浆调制，辅以优雅高贵的香槟杯，共同渲染出一幅色彩艳丽的日出美景。

因此，一款创意鸡尾酒需要内在美与外在美相匹配才能韵味十足，两者相互成就，缺一不可。

第三节　鸡尾酒调制与创新的要素

创新鸡尾酒的调制，首先要求调制者具备丰富的酒水基础知识：如碳酸饮料的使用方法，不同碳酸饮料的口感特征；不同基酒的酒精度与特性，有无固定的饮用“伴侣”；各种中国传统的浸泡酒不同的颜色和口味特征、营养或药用价值；不同果汁、酒水、饮料等的密度、色彩以及混合后的色彩组合等。其次要熟悉鸡尾酒调制的基本方法，遵循酒品调制的基本原则，按照基本流程进行创意设计、原料选择、调制方法的确定与准备及现场制作。创新鸡尾酒的要素包括立意、命名、选料、调制方法、选杯、装饰，并最终确定酒谱。

一、调酒师的创新意识

一名优秀的调酒师需要有非凡的记忆力，多样而复杂的鸡尾酒酒谱需时刻印记在脑海。同时，调酒师还要有敏感的视觉感受，要在感官上取悦品饮者并合理渲染鸡尾酒的色调。再者就性格而言，调酒师要个性开朗、善于人际沟通，能主动营造轻松的社交氛围，最后，优秀的调酒师必须具备一定的创新意识，这是鸡尾酒创新制作的基石，也是鸡尾酒文化生生不息并不断发展的源泉和原动力。一名具有创新意识的优秀调酒师需要具备求知欲、好奇心、创造欲和激情等方面的素养。

1. 求知欲

调酒师应当具有求知欲，不断补充新知识来扩大自己的专业视野。鸡尾酒的创作涉及酒水基础知识、食品营养学、美学、心理学、消费经济学等专业知识。对一款鸡尾酒的探索，需要结合调酒师自身专长，并发挥其综合学识与素养，在求真务实的基础上进行有效创新。对新知识、新产品、新消费的求索欲和探知欲，是一名调酒师创新意识培养的基础。

2. 好奇心

有好奇心的调酒师思维相对活跃，对新鲜事物有敏锐的嗅觉和洞察力，善于发现创新鸡尾酒的各种可能性。一颗好奇心也是调酒师不断提高自我能力的原动力。具有好奇心的调酒师善学善用，愿意尝试，以制作出新型鸡尾酒并赢得品饮者满足为最大动力。

3. 创造欲和激情

调酒师要善于独立思考、独立探索，不断探索新概念，融入新理念，发现新素材，另外，还要对创新元素进行反复尝试与实践。好的调酒师既会调酒又要对生活充满情趣，让品酒之人犹如品味有情调的生活。当调酒师的自我激情与品饮者的经历、感受完美融合，鸡尾酒便有了蓬勃的生命力。

二、鸡尾酒创意题材的来源

1. 爱情故事

爱情是生命中永恒的话题，纯粹而美好且人人心向往之。中国历史上流传着许许多多或悲情或离愁的爱情故事，比如经典的梁祝化蝶因美丽、凄婉、动人而流传至今。梁祝化蝶的故事表达了人们对爱情的忠贞不渝，对爱情与自由的向往，因此，以梁祝化蝶为题材可以设计出见证爱情忠贞美好的鸡尾酒。又如千古流传的牛郎与织女的爱情故事，他们的爱情传说也可以为现代鸡尾酒的创作增加一丝神秘的浪漫色彩。再如，以许仙与白娘子的爱情故事为引设计的鸡尾酒，意在表达冲破世俗眼光、向往自由美好生活的夙愿。

2. 历史典故

鸡尾酒的美妙之处在于每一款经典的鸡尾酒的诞生背后都有着美丽动人的故事。虽然东西方文化差异较大，但是在对不同历史题材的挖掘和运用上有着异曲同工之妙。西方经典的鸡尾酒如血腥玛丽、玛格丽特、曼哈顿等，背后无不深藏着一段故事，故事的“话题性”让一杯鸡尾酒更具独特魅力，也促进其深受世界各地品饮者的喜爱。随着国人创新意识和接纳新鲜事物的意愿不断增强，相信调酒师巧妙运用中国的历史文脉、挖掘历史典故背后的东方精髓，并与传统的东方饮酒哲学有机结合，可以创作出极富东方韵味、中国特色的中式创新鸡尾酒。

3. 影视题材

很多经典的鸡尾酒与优秀的影视作品有着密不可分的联系，使得一杯普通的鸡尾酒体现出特有的文化符号，蕴含丰富的精神内涵。曾有人发出这样的感叹：“鸡尾酒里摇晃着梦想，里面是一个个魅力十足的浪漫故事。”

经典鸡尾酒“螺丝刀”的流行与《铁汉柔情》这部侦探剧有着直接的关系。私家侦探马罗的一句台词：“喝螺丝刀，现在还太早了点儿。”让“螺丝刀”一跃成为知名鸡尾酒。从那时起，“螺丝刀”鸡尾酒成了侦探剧里的重要道具。

鸡尾酒“亚历山大”是19世纪中期为了纪念英国国王爱德华七世与皇后亚历山大的婚礼而被调配出来，用以向亚历山大皇后致敬。而它的广泛流行却是始于1962年电影《醉乡情断》的播出，电影中常出现的这款叫作“亚历山大”的鸡尾酒奶香浓郁、细腻香甜，颇受女性欢迎。

鸡尾酒“蓝色多瑙河”最早出现在电影《味浓情更浓》中，电影中年轻的男女主人公因一杯“蓝色多瑙河”鸡尾酒相识，故事也发生在美丽的多瑙河畔，充满了浪漫主义色彩。像极了这杯“蓝色多瑙河”，微醺中有清澈的纯真，味浓情更浓，让浪漫故事也永远停留在了“王子和公主幸福地生活在了一起”的那一刻。

因此，大量的影视剧作品都可以成为鸡尾酒创新制作的文化素材。借助影视作品本身的文化气息将鸡尾酒包装成更具故事性的产品，让鸡尾酒真正成为具有文化附加值的现代饮品。鸡尾酒与影视作品相结合，既能挖掘出影视作品衍生产品的生命力，又能通过影视作品的影响力对鸡尾酒进行广泛传播。

4. 音乐题材

音乐是流动的情感，往往承载着作者当时创作时的情愫、歌者当下吟唱时的倾诉和听者时下各种不同的人生感悟。音乐因心境而生又融于情境，有时又是鸡尾酒创作的源泉。

相传汉代文学家司马相如在卓家大堂上弹唱著名的《凤求凰》，向卓文君表达爱意，“凤求凰”为通体比兴，不仅包含了热烈的求偶，而且也象征着男女主人公理想的非凡、志趣的高尚、知音的默契等丰富的意蕴。全诗言浅意深、音节流亮，感情热烈奔放而又深挚缠绵。以此为题材可以设计一款鸡尾酒表达男女主人公之间高雅而又热烈的挚爱。

除了历史上的古曲外，现代流行歌曲也可以是鸡尾酒创作的创意来源，如方文山写的《青花瓷》：素坯勾勒出青花笔锋浓转淡 / 瓶身描绘的牡丹一如你初妆 / 冉冉檀香透过窗心事我了然 / 宣纸上走笔至此搁一半 / 釉色渲染仕女图韵味被私藏 / 而你嫣然的一笑如含苞待放 / 你的美一缕飘散 / 去到我去不了的地方 / 天青色等烟雨而我在等你 / 炊烟袅袅升起隔江千万里 / 在瓶底书汉隶仿前朝的飘逸 / 就当我为遇见你伏笔。这样一副诗情画卷铺展在眼前，青色天，如烟醉了江南意。故事里的你我嫣然一笑，百媚众生，诉说情意。人与事、情与景、心与境相生相应，这些都可作为创作鸡尾酒的主题素材。

5. 地域题材

中国幅员辽阔、地域宽广，因历史积淀而形成璀璨的地域文化，在历史长河中熠熠生辉，如此丰富的地域文化又与各地盛产的名酒交相辉映。鸡尾酒的创新可以借不同的地域特色发挥各自的优势，如各地盛产的中国白酒因酿制方法和原料的不同，其口感、度数、口味特征、香型都有所区别；运用不同的白酒制作的各种配制酒因加入不同的地域性食材，又形成与众不同的配制酒，这些区域性的地方特色酒可以作为特色基酒，是创作地方特色鸡尾酒的基本素材。同时因各地文化差异，挖掘本地区历史文脉也是发掘鸡尾酒地域性素材的手段之一，如唐代杜牧的《过华清宫绝句三首其一》，“一骑红尘妃子笑，无人知是荔枝来”以南国荔枝酒为基酒创作的鸡尾酒若以“妃子笑”命名，既体现了该创新鸡尾酒的地域特色，又凸显其文化价值。

课堂小知识

酒品风格的基本要素

酒品风格是由色、香、味、体等因素组成的。所谓风格，也就是色香味体作用于人的感官并给人留下来的印象与感受。不同的酒品具有不同风格，甚至同一款酒品在不同的温度、环境背景下也会展现不同的风格。

1. 色

颜色是最直观的酒品风格。世界上酒色种类丰富，不仅红、橙、黄、绿、青、蓝、紫各种颜色繁多，而且变色层出不穷。

酒品色泽之所以如此繁多，首先应归功于大自然的造化。酒液中的自然色泽主要来源于酿酒的原料，如红葡萄酿出来的酒液呈绛红色或棕红色，这是葡萄原料的本色。自然色给人以新鲜、纯美、朴实、自然的感觉。

酒品色泽形成的第二个重要原因是生产过程中自然生色。由于温度的变化、形态的改变等原因，原料本色也随之发生了变化，如蒸馏白酒在经过加热、汽化、冷却、凝结之后，改变了原来的颜色而呈透明无色。自然生色在不少酒品的酿造过程中是不可避免的现象，一般也不会采取措施去改变或限制自然生色的形成。

酒品色泽形成的第三个主要原因是增色。增色有两种方式：非人工增色和人工增色。非人工增色大多发生在生产过程中，比如陈酿中的酒染上橡木桶的颜色。人工增色则是生产者的主动措施，目的在于使酒液色泽更加美丽以迎合消费者的视觉满足，比如酒品生产所使用的调色剂。

酒的色泽千差万别，表现出来的风格情调也不尽相同。消费者对各种色泽的爱好也不一样。好的酒品色泽应该能充分表露酒品的内在质地和个性，使人观其色就产生嗅其香和知其味的欲望。在审度酒品色泽风格时，要注意外界因素的影响，比如光波的强度、容器的衬色、室内采光度等。酒在无色透明的容器里呈现的是本真的颜色，但是在其他颜色的容器里所呈现出来的颜色可能会形成“视觉反应”，让酒的色泽更为魅惑诱人。

2. 香

酒香也是酒体风格的重要因素。以中国白酒为例，十分讲究酒香的优雅。中国白酒生产工艺独特，结构成分复杂，香气形态多样，风格表现十分丰富。中国白酒的酒香风格大致有五大种类。

（1）清香型：这类风格的酒品以山西杏花村汾酒为代表，故又称为汾香型。它们往往表现为清香芬芳，气爽适而久馨，常有润肺之感，越嗅越舒展，使人心情为之一新。经分析确定乙酸乙酯和乳酸乙酯为清香型的主体香成分。

（2）浓香型：这类风格的酒品以四川泸州老窖特曲和宜宾五粮液酒为代表，又称为泸香型和窖香型。它们往往表现为芳香浓郁、艳美丰满，嗅之常有阵阵扑鼻拢面之感，使人如痴如醉、回香深沉、连绵不断，深受广大饮者喜爱。经分析确定乙酸乙酯和丁酸乙酯为浓香型的主体香成分。

（3）酱香型：这类风格的酒品以贵州茅台酒为代表，又称为茅香型。它们往往表现为醇香幽雅、低沉优美，不淡不浓、不猛不艳，回香尤为绵长，留杯不散，常使人熏然陶醉。酱香型风格的形成与醇类物质有一定的关系。

（4）米香型：这类风格的酒品以桂林三花酒和广东长乐烧为代表，主要是小曲米酒。它们往往表现为蜜香清柔、纯洁雅致、气畅流而稳健，给人以朴实纯正的感觉。经分析确定乳酸乙酯、乙酸乙酯和高级醇为米香型的主体香成分。

（5）复香型：这类风格的酒品相对前面几种类型香味风格会显得与众不同，有时兼数种香型特点于一身，故以“复合”对其进行界定。复合香型酒品之间风格相差甚大，有的截然不同。从另一个角度来说但凡不属于上述四种香型的风格，或兼四种香型风格而有之的，都可以归入到复香型的范围。

酒的香型成因颇为复杂，酒香主要来源于酿酒原料特有的自身香气和生产过程中形成的外来香气，其中酒窖和发酵过程起到了明显的作用。不同品种的原料（包括主要原料和辅料及酒曲、水、糟等）都带有自身的气味，酿酒生产总是择其良香而摈其劣味，以保持、改善和促成酒品香型基本风格的形成。

3. 味

味在酒品诸风格中给人的印象最深刻，是饮者最关心的酒品风格。酒味的好坏，基本上确定了酒的身价。名酒佳酿大凡味道佳，风格动人。人们常常用甜、酸、苦、辛、咸、涩六味来评价酒品的口味风格。

（1）甜：以甜为主要口味的酒种数不胜数，含有甜味的酒种则更多。甜味可以给人以舒适、滋润、圆正、纯美、丰满、浓郁、绵柔等口感，深受饮者喜爱。酒品甜味主要来源于酒质中含有的糖分、甘油和多元醇类等物质，这些物质具有甜味成分或助甜成分。糖分普遍存在于酿酒原料之中，果类中含有大量葡萄糖，根茎植物中含有丰富的蔗糖，谷类中的淀粉在糖化作用下会转变成麦芽糖和葡萄糖。此外人们常常有意识地加入这样或那样的糖饴、糖分、糖醪、糖汁、糖浆来主动改善酒品的口味。

（2）酸：酸味是世界酒品中另一主要风格特点。现代消费者都偏爱非甜型酒品，由于酸味酒常给人以甘冽、舒爽、开胃、刺激等口感，适当的酸味清肠沥胃，使人感觉神清气爽，故常以“干”来表示。干型口味中固然还包括了辛、涩等味觉，酸性不足酒呈寡淡乏味；酸性过大酒呈辛辣粗俗。适量的酸可对烈酒口味起缓冲作用，并在陈酿过程中逐步形成芳香脂。酒中的酸性物质可分为挥发性和不挥发性两类，不挥发酸是导致醇厚感觉的主要物质，挥发酸是导致回味的主要物质。

（3）苦：苦并不一定是不良口味，世界上有不少酒品以味苦著称，如法、意两国的比特酒；也有不少酒品保留一定苦味，如啤酒中的许多品种。苦味是一种特殊的酒品风格，切不可滥用，它具有较强的味觉破坏功能，可以引起其他味觉的麻痹。酒中恰到好处的苦味给人以净口、止渴、生津、除热、开胃等感觉。酒中的苦味一方面由原料带入，如含单宁的谷类和香料；另一方面产生于酿酒过程当中，如过量的高级醇会引起酒味发苦发涩。

（4）辛：辛又为辣，虽不同于一般的辣味，但由于口感接近，人们常以辛辣相称。辛不是饮者所追求的主要酒品口味，辛给人以强刺激，有冲头、刺鼻、兴奋等感觉。高浓度的酒精饮料给人的辛辣感觉最为典型。酒中的醛类是辛味的主要来源。

（5）咸：一般来说，咸味不是饮者所喜好的口味。咸味的产生大多起因于酿造的工艺粗糙，使得酒液中混入过量盐分。可是少量的盐分可促进味觉的灵敏，使酒味更加浓厚。墨西哥人在饮特基拉酒时，常辅以盐粉和柠檬片，以增加酒的风味。

（6）涩：涩味常与苦味同时发生，但并不像苦味那样为饮者所青睐。这是由于涩给人以麻舌、收敛、烦恼、粗糙等感觉，对人的情绪有较强干扰。涩味主要来源于酿酒原料的处理不当，使过量的单宁、乳酸等物质进入酒液，从而产生涩味。

当然，酒品当中的味并不单一存在，一般多种口味彼此交错、互相影响，让人品尝起来更为立体并且回味无穷。

4. 体

体是酒品风格的综合表现，国内外赋予酒体的含义略有区别。国内品酒界谓之“体”专指色、香、味的综合表现，侧重于对酒的全面评价。国外专业人士谓之“体”，专指口味的抽象表现，侧重于单项风格的评价。

不论是综合评价还是实体感受，酒体总带有汇集印象的含义，是人对酒品风格的概括性感受。酒体讲究的是诸要素协调，风格恰到好处，“红花有绿叶扶持”“甘冽有甜润相衬”，酒品某方面个性的表现应有一定的陪衬基础。

设计与调制一款创意鸡尾酒的风格，主要结合上述的色、香、味、体进行具体探索，并且相互关联、相互作用，以形成整体相协调的创意作品。

第二章

鸡尾酒调制与创新的途径与方法

鸡尾酒调制与创新的途径和方法很多：如改变基酒和辅料以改变鸡尾酒的风味特质；通过创新装饰物和载杯的形式，增添鸡尾酒的趣味性和视觉效果；融入地域文化元素，设计具有浓郁地方文化特色的鸡尾酒等。

第一节　基酒创新

一、鸡尾酒基酒认知

基酒又名酒基，是鸡尾酒的主料也是核心要素，在鸡尾酒中起决定性作用。然而，一杯完美的鸡尾酒绝不是基酒唱独角戏，而是要兼收并蓄，能容纳各种提香、增味、调色的材料，并与之充分混合达到色、香、味、形俱佳的综合效果。选择基酒首要的标准是酒的品质、风格和特性。鸡尾酒中多数基酒都是经过蒸馏的烈酒，如金酒、白兰地、威士忌、朗姆酒、伏特加、特基拉。作为主料的基酒基本主导了这杯酒的特性，同时使鸡尾酒中各个要素和谐共存，发挥出各自的特点，体现出不同的风味和层次。

二、鸡尾酒基酒创新运用的途径

酒店大堂吧、休闲吧或是社会酒吧等消费场所中提供的鸡尾酒品多数是以世界流行的六大基酒调制而成，而以中国白酒为基酒的中式鸡尾酒鲜有涉及。白酒鸡尾酒还处在探索起步阶段，在一定程度上还缺少独特的风格和稳定的口感。

与世界流行的六大基酒不同，白酒的酒精度较高，饮用时带有尖锐刺激的口感，香型极为丰富突出。这是因为传统白酒并非利用自身淀粉酶完成糖化，而是以酒曲作为糖化发酵剂进行发酵，随后采用木桶蒸馏技术经一系列后续工艺加工而成。调制鸡尾酒所用到的基酒一般要求无强烈刺激味，而中国白酒有酱香型白酒（以茅台为代表）、浓香型白酒（以五粮液为代表）和兼香型白酒等，香型突出、香味浓郁（相比伏特加等西方蒸馏酒），因而被认为不适合作为鸡尾酒的基酒。但清香型白酒，如二锅头、山西汾酒或是一些米香型白酒，由于酒香比较轻柔淡雅，比较适合作为调制鸡尾酒的基酒，此外还能用很多中国特有的食材来改变白酒的余味，以达到口感上的平衡。

同样，用中国白酒配制的各种浸泡酒，包括量产的各种中草药、植物根茎类配制酒和非量产的民间浸泡酒也是国人喜爱的一类酒饮，这类酒由于添加了特色的香料、新鲜果实、药材，因此带有特殊的色泽和香味，部分掩盖了白酒本身的色泽和酒味，口感也显得更加柔和，因此更适合被运用到鸡尾酒创新制作中，作为中式鸡尾酒创新制作的新基酒。

1. 中国白酒的运用

中国酒文化承载着五千年的中华文化，具有深厚的文化底蕴，酒杯中晶莹剔透却又辛辣的白酒是国人最常消费的烈酒。然而在日新月异的新时代，在“新生代”消费群体异军突起的新环境中，需要为传统白酒注入更多的发展基因、创新元素，才能让灿烂悠久的白酒文化更好地融入现代社会需要与生活需求中。此外，当白酒被用于调制鸡尾酒时，饮酒文化也随之发生改变。原先被西方人认为“过度热情”的饮酒文化如劝酒等行为，随着酒水消费形态的变化而变化，轻松、自由、随性的饮用方式也拉近了白酒以及白酒类鸡尾酒与消费者的心理距离。因此，中国白酒的创新运用是中式鸡尾酒创新发展的基础，也是契合新消费市场的必然选择。

鸡尾酒充分彰显酒的可塑性，这与年轻人对未知世界的渴望和对精彩人生的探索精神是一致的。中国白酒与鸡尾酒的融合，也是其积极、主动参与世界烈酒表达的一种方式，也是中国酒文化连通世界的助推器。因此，用白酒调制中国特色的鸡尾酒，可以帮助白酒重焕青春，摆脱白酒行业的“中老年危机”。鸡尾酒和白酒的创新结合，可以让更多年轻人慢慢接受白酒的外在特征和文化内涵，以酒体创新为主、营销创新为辅，适应新一轮消费升级。

在国内，一些以白酒和白酒鸡尾酒为主题的酒吧会提供几十种不同香型的白酒，在经营过程中还创作出如“四川司令”“椰香茅台”等带有明显地域特色的白酒鸡尾酒。国外也有少量中式酒吧会提供以白酒为基酒的鸡尾酒，按照加入的配料香型分为花香、草本、果香等几类，其配料包括冬瓜、八角、花椒、枸杞、黑花生、春菊、山楂等极具特色的中式食材。这些白酒鸡尾酒正在被市场慢慢接受。

制作中式鸡尾酒可以选择搭配与白酒一样风味强劲的酒，否则气味弱的一方会被完全掩盖。一般而言，柑橘类酒和白酒比较相配，而甜酒和苦艾酒则不太适合。白酒鸡尾酒的另一种调法是修补法，即加入一些配料掩盖一些风味，或是突出另一种风味。比如将白酒和苦艾酒、蜜多丽柠檬泡沫调和在一起时，苦艾酒可以减少白酒的刺激性气味；而柑橘类酒则可以带出草莓和菠萝的果味。当然，也有调酒师不是直接往鸡尾酒中倒入白酒，而是采取更为保守的做法，比如将白酒装在喷雾器中喷洒在金汤力的表面，以微调原有鸡尾酒的口感和风味。

以下几款是较为流行的以中国白酒为基酒的创意鸡尾酒。

夏日海南

基酒：海口大曲白酒　　1 盎司

辅料：椰汁　　0.3 盎司

载杯：小型笛形香槟杯

调法：摇和法

在摇酒壶中放入适量冰块，将椰汁和白酒依次倒入，充分摇匀后将酒液滤入鸡尾酒杯中。

特点：椰香持久、入口香甜

夜上海

基酒：崇明老白酒　　1 盎司

辅料：可乐　　3 盎司

载杯：白葡萄酒杯

调法：兑和法

在白葡萄酒杯中放入适量冰块，将白酒和可乐依次倒入杯中，用吧匙棒搅拌一下，然后将跳跳糖倒入杯中。

特点：清甜爽口、风味别致

林荫道

基酒：泸州老窖白酒　　0.3 盎司

辅料：青苹果味果泥　　0.3 盎司　　白葡萄酒　　1 盎司

载杯：高脚杯

调法：兑和法

在高脚杯中加入适量碎冰，再将上述原料依次倒入后用吧匙棒充分搅拌，使酒液混合均匀。

特点：色泽艳丽、味道宜人

红高粱

基酒：西凤酒　　0.5 盎司　　干红葡萄酒　　1 盎司

辅料：西瓜味果泥　0.5 盎司

装饰：柠檬皮或橙皮

载杯：海波杯

调法：兑和法

在载杯中加入适量冰块，将西凤酒和干红葡萄酒、西瓜味果泥依次倒入杯中，用吧匙棒充分搅拌后将酒液滤入载杯中，在杯口放置 1 片柠檬皮或橙皮。

特点：甘冽、清香

长城之光

基酒：二锅头　　1 盎司

辅料：白兰地　　0.5 盎司　　柠檬汁　　0.5 盎司　　芋香味果泥适量

载杯：马天尼杯

调法：摇和法

将冰块放入摇酒壶中，然后将二锅头、白兰地、柠檬汁、芋香味果泥倒入摇酒壶中，充分摇匀后将酒液滤入载杯。

特点：酒液色美、味道酸甜

2. 中国配制酒的运用

配制酒又称调制酒或混成酒，是酒水分类中的特殊品类，是一种经过复杂混合的酒品。配制酒一般是以发酵酒、蒸馏酒或食用酒精为基酒，加入可食用的花、水果、中草药等，或以食品添加剂（呈色、呈香及呈味物质）为原料，采用浸泡、煮沸、复蒸等不同工艺加工并改变其原基酒风格的酒。配制酒品种繁多、风格各异，国际上流行的分类法是将配制酒分为三大类：开胃酒、餐后甜酒、利口酒，而以中国药酒为代表的中国配制酒则可以被划分为这三类酒之外的第四类配制酒。

按最新的国家饮料酒分类体系，药酒和滋补酒属于配制酒范畴。中国配制酒的制作一般是在成品酒或食用酒精中加入药材、香料等原料，其配制方法一般有浸泡法、蒸馏法、精炼法三种。浸泡法是指将药材、香料、水果等原料浸没于成品酒中陈酿而制成配制酒的方法；蒸馏法是指将药材、香料等原料放入成品酒中进行蒸馏而制成配制酒的方法；精炼法是指将药材、香料等原料提炼成香精加入成品酒中而制成配制酒的方法。

中国配制酒按配制工艺可分为两种，一种是在酒和酒之间进行勾兑配制，另一种是在酒与非酒精物质（包括液体、固体和气体）之间进行勾兑配制。

中国配制酒按照所用的基酒主要分为三种：第一种是以黄酒为基酒的配制酒，如浙江江山的白毛乌骨鸡酒；第二种是以葡萄酒、果酒为基酒的配制酒，如吉林的人参葡萄酒；第三种是以蒸馏酒或食用酒精为基酒的配制酒，如五加皮酒、竹叶青、莲花白、园林青酒等。

除了以上的保健型配制酒，水果酒和水果浸泡酒也是广受中国家庭偏爱的一类家用酒，并且因其制作简单，多数都可以实现家庭自制。水果酒是水果自身的糖分被酵母菌发酵成酒，含有水果本身特有的风味，又称果酒。常见的家庭自酿果酒有李子酒、葡萄酒等，因为这些水果表皮会有一些野生的酵母，加上一些蔗糖便不需要额外添加酵母也能进行发酵。而另一类水果浸泡酒则酒精度较高，不属于发酵型果酒。一般是将洗净干燥的水果直接浸泡于高度白酒中浸泡数月即可。以下是一些常见的水果浸泡酒及其制法。

（1）樱桃酒的配制方法：樱桃、冰糖、高度白酒以 5∶2∶5 的比例进行配比。将樱桃洗净晾干后，去蒂并用刀在樱桃上割划数刀，以一层樱桃、一层冰糖的方式放入广口玻璃瓶中，再倒入高度白酒，然后封紧瓶口。放置于阴凉处，静置浸泡三个月后即可开封、滤渣、装瓶。

（2）蓝莓酒的配制方法：蓝莓、蜂蜜、高度白酒以10∶1∶18的比例进行配比。将成熟且无损伤的蓝莓洗净晾干后，用布袋装好放入玻璃容器中，加入蜂蜜及白酒后密封保存在阴凉处。3～4周后将布袋取出，再放置3个月左右即可。

（3）梅子酒的配制方法：梅子、冰糖、高度白酒以2∶1∶2的比例进行配比。将成熟梅子洗净晾干，置入密封容器，白酒、冰糖淹没梅子，浸泡4个月即可。

（4）桑葚枸杞酒的配制方法：枸杞、桑葚、柠檬汁、冰糖、高度白酒以10∶10∶1∶2∶30的比例进行配比。将桑葚洗净晾干后与枸杞、柠檬汁一起放入玻璃容器，加入冰糖和白酒后密封存放于阴凉通风处。3个月后用纱布过滤取用装瓶即可。

（5）木瓜酒的配制方法：木瓜、米酒以3∶10的比例进行配比。将木瓜洗净、晾干、切片后放入米酒或低度白酒中，浸泡2周后即可。

（6）杨梅酒的配制方法：杨梅、冰糖、高度白酒以2∶1∶2的比例进行配比。将成熟杨梅洗净晾干，置入密封容器，白酒、冰糖淹没杨梅，浸泡3个月即可。

课堂小知识

水果酒酿造注意事项

（1）新鲜水果清洗后务必沥干或自然风干，避免酒走味。

（2）酿水果酒以天然水果为最优，若需加糖，则加20%～25%为宜。

（3）酿水果酒宜用冰糖，避免酿造时起酸。

（4）所有密封容器都要除去水汽并存放在避光阴凉处。

（5）浸泡水果时需使用酒精浓度高于35%以上的酒，水果中的果汁容易被浸泡出来。

第二节　辅料创新

一、鸡尾酒辅料认知

基酒作为鸡尾酒调制的基础，确定了一款酒品的主基调。作为鸡尾酒重要组成部分的辅料，却是能让一款鸡尾酒千变万化、增色添香的重要元素，因此创意鸡尾酒调制可以从辅料着手进行改良。

辅料是鸡尾酒中辅助调味、调香、调色等原料的总称。辅料与鸡尾酒基酒充分融合，一方面降低了鸡尾酒的酒精度，缓解了烈酒带给饮者的强烈刺激感；另一方面会使调制出的鸡尾酒在色、香、味、形等方面都展现出与众不同的风格，更好地吸引消费者。

通常可以作为鸡尾酒辅料的原料主要有以下几大类。

（1）提香增色的配制酒：主要以各类利口酒为主，如常见的薄荷酒、可可利口酒、香蕉利口酒、椰子朗姆酒、百利甜酒、咖啡利口酒、蜜桃力娇酒、橙味力娇酒等。

（2）碳酸类饮料：如雪碧、可乐、芬达、苏打水、汤力水、干姜汽水等。

（3）果蔬汁：如橙汁、柠檬汁、苹果汁、椰汁、西柚汁、菠萝汁、胡萝卜汁等。

（4）乳制品：如牛奶、炼乳、椰奶、益生菌乳品、鲜奶油等。

（5）水：如矿泉水、蒸馏水、纯净水等。

（6）其他辅料：如鸡蛋、砂糖、盐。

辅料创新是通过对这几大类原料进行不同形式的组合和调整，从而找出不同搭配的可能性，由此创作出新颖的鸡尾酒。鸡尾酒辅料组合方式的创新可以有以下一些方面。

1. 碳酸类饮料与其他类搭配

碳酸类饮料主要是含有一定量二氧化碳气体的饮品，往往都采用透明载杯呈现其二氧化碳上浮的效果，犹如体验洋流漂泊的清凉，因此选择其他类别辅料时应侧重整款饮品的味觉调整，比如在辅料搭配时选择具有一定酸性刺激性气味的柠檬汁、菠萝汁、薄荷利口酒等，让鸡尾酒饮用时呈现清透感，更好衬托鸡尾酒中的碳酸味。对于餐后饮用的鸡尾酒，倾向选择椰汁、糖浆、可可利口酒等甜度稍高的辅料搭配碳酸类饮料，用甜度中和碳酸味以达到口感的平衡。

2. 提香增色类与其他类搭配

在经典鸡尾酒调制中大多数都会选择特征味利口酒作为辅料，以突显鸡尾酒的个性、色彩、口感或主题。利口酒是配制酒中的一种，主要是以蒸馏酒（如白兰地、威士忌、朗姆酒、金酒、伏特加）为基酒配制各种调香物品并经过甜化处理的酒精饮料，具有颜色娇美、气味芬芳独特、酒味甜蜜等特征。因此在选择利口酒作为鸡尾酒辅料时应考虑以下一些因素。

首先是甜度与酒精度的均衡。在选择搭配的辅料时要结合消费者的需求进行适度调整。由于利口酒通常含糖量较高，对于喜欢餐后甜饮的消费者可以选择如可乐、椰汁等其他类辅料进行搭配，让整款鸡尾酒的甜度保持一致，并通过比例的适度调整降低整款鸡尾酒的酒精度。

其次是色彩组合的和谐。对于注重视觉感受的消费者，尤其是女性消费者，通过不同颜色的搭配可以增强酒品的层次感、绚丽感。比如，可以与不同色彩的辅料形成非常规的渐变色鸡尾酒；也可以根据辅料的密度、色彩比选择色差显著的辅料，让消费者享受鸡尾酒色彩斑斓的美感；当然也可以通过选择与黏稠度较高的辅料搭配，让调酒师像画家一样勾勒出不同形态的鸡尾酒，以吸引消费者。

再者是香气与口感的变化。色彩斑斓的鸡尾酒对消费者产生视觉吸引，而变化莫测的香气和口感则会刺激消费者的嗅觉神经和味蕾。利口酒中一般都添加了植物性的天然香精、香料，所以调酒师在考虑香味和口感特征时，需考虑搭配的辅料自身香气与使用的利口酒香气组合后，效果是增强、复杂还是相互抵消。比如，常用的蓝橙利口酒可以与甜度稍高的其他辅料搭配，让酒香呈现清香甜柔的感觉。

老式经典鸡尾酒调制一般都是基酒加利口酒搭配装饰物而成。但是随着消费者综合审美情趣的提升，现代创意鸡尾酒中也会将盐、牛奶、奶油等辅料添加进去，一般可融于酒液的物质都是可选择的鸡尾酒辅料，比如牛油果当中包含大量维生素 A、维生素 E 和不饱和脂肪酸，可以将它与果汁一起作为辅料添加到鸡尾酒中。此外，在酒精度较高的鸡尾酒中添加少许辣椒汁和辣酱油可以提升饮品的辛辣感，让消费者体会鸡尾酒的独特风格和口感。

二、鸡尾酒辅料创新的元素

鸡尾酒的辅料是形成鸡尾酒特征的重要因素之一，是改变一杯鸡尾酒色彩、口感和意境的重要手段。目前，根据市场流行趋势和人们对养生饮品的需求，常用到以下鸡尾酒辅料。

1. 风味糖浆

鸡尾酒的酸甜度平衡是保证一杯鸡尾酒口感适宜的基本条件，过甜则显得腻口，过酸则难下咽，因此一杯鸡尾酒中的甜度需要糖类物质来调配。传统的可添加的糖类物质有红石榴糖浆、蜂蜜水、无色糖浆等，除此之外，越来越多的风味糖浆为消费者所接受，比如各种果味系列产品，如水蜜桃糖浆、草莓糖浆、玫瑰风味糖浆、薄荷味糖浆、焦糖糖浆、百香果糖浆、樱花味糖浆、蓝柑糖浆、香草味糖浆、柠檬糖浆、榛果糖浆、黑加仑糖浆、椰子味糖浆、荔枝糖浆、石榴糖浆、紫罗兰风味糖浆等。现在越来越多的自制糖浆也趋于流行，比如家庭自制的枇杷糖浆、桂花糖浆、花蜜糖浆、姜汁糖浆、覆盆子糖浆等。

2. 乳酸菌饮品

乳酸菌是一类能利用可发酵碳水化合物产生大量乳酸的细菌的统称。自然界分布极为广泛，具有丰富的物种多样性。除极少数外，其中绝大部分都是人体内必不可少的且具有重要生理功能的菌群。乳酸菌饮品可以帮助调制酒类饮品，产生酸味和丰富的香气，待乳酸菌和其他发酵物质充分交互后，即可得到口感醇厚、风味独特的乳酸菌鸡尾酒。

3. 野果果汁及酿酒

随着人们生活水平的提高和消费观念的改变，健康饮品成了百姓的日常需求。同时，人们为了追求饮品的养身、保健功效，市场需求也产生了一定的变化，因此有“饮料新贵”之称的野果果汁和饮料成为了市场新宠。我国地域辽阔、气候各异，各地盛产不同的新鲜野果。产于我国黑龙江省加格达奇一带的黑加仑（黑醋栗）、金梅、香梅；产于河南的野生山楂；产于西北沙漠的沙棘；产于江浙一带的树莓、桑葚、野生猕猴桃。其果实中均含有多种微量元素和多种氨基酸、维生素、营养素。这些野果经过工业化生产成为了调制鸡尾酒的重要辅料。

4. 风味果泥

果泥与果酱是有区别的。果泥为水果的泥状流体形态，是果品经去除皮、核等简单处理后（有些品种需要加热）捣烂而成的，保持了原有（加热的有些损耗）的营养成分。而果酱一般需要加入水、油、糖等原料经过熬制（个别的需炒制）而成，当然还可以根据个人口味需求加入其他辅料，在加工过程中虽有部分营养成分流失，但增加了其他营养成分。

就口感而言，果泥比浓缩果汁或果酱更接近原汁原味。目前市场上主流果泥的口味主要有蔓越莓味、蓝莓味、草莓味、芒果味、西瓜味、黑加仑味、青苹果味、蜜桃味、哈密瓜味、凤梨味、木瓜味、甜橙味、柠檬味、葡萄味、香蕉味、奇异果味等，还有很多混合果泥或果蔬泥。

5. 酵素

酵素是以动物、植物、菌类等为原料，添加或不添加辅料，经微生物发酵制得的含有特定生物活性成分（包括多糖类、寡糖类、蛋白质及多肽、氨基酸类、维生素类）的产品。酵素是一种健康、绿色食品，与直接食用水果相比，酵素中的活性物质更容易被机体吸收利用，有机小分子更浓缩、更容易让人接受。通过发酵技术，不仅保留了原有物质中的营养价值成分，还会产生一些对人体健康有益的新的生物活性物质，同时将有机物质最大释放，大大提高了生物利用度。

家庭自制水果酵素的方法一般包括以下步骤，原料组成为冰糖、新鲜水果、纯净水，配置比例为1∶3∶5。制作方法：先将玻璃杯洗净，用开水烫过，晾干；新鲜水果洗净去皮、核切片；依次将新鲜水果、冰糖分层平铺在玻璃杯中，加入纯净水；盖上杯盖，按压排气，密封玻璃杯；将玻璃杯置于酵素机后盖上罩子和盖，插上电源，选择“营养酵素”功能，开始制作；发酵完成后，用滤网去残渣，得到新鲜的水果酵素。

6. 冰块

冰块被称作是鸡尾酒的“灵魂”，冰块可以提供冰凉的口感，保留基酒原有的风味。虽然冰块本身无味，但是在与酒水混合之后对鸡尾酒起到冰镇和稀释作用，对鸡尾酒的口感会产生一定的影响，因此冰块也可以看成一种“另类”的鸡尾酒辅料。

怡人的鸡尾酒与恰当的冰块稀释过程紧密相关。碎冰能迅速融入酒中并将其稀释，使鸡尾酒瞬间变得舒爽清冽，比如常见的夏日鸡尾酒“莫吉托”“莫斯科骡”等。标准冰块适合波本威士忌、苏格兰威士忌等调制经典鸡尾酒。标准冰块的表面被周围的酒包裹后，酒的温度迅速下降，从而保持了鸡尾酒的冷冽。而有时为了保证鸡尾酒的高品质，调酒师必须选用手工雕琢的冰块，比如调制“盘尼西林”时要加新鲜姜片，手凿冰块可以确保姜味在摇晃的过程中不会被过度稀释。

冰块选用合适与否常常是一杯鸡尾酒品质保证的关键因素之一。只有将冰运用得恰到好处，把合适的冰放入与之匹配的鸡尾酒中，隽永的酒香才会随之而来。日本调酒师们很早便开始钻研鸡尾酒的凿冰艺术，因此日本调酒师的手凿冰球成为调酒界公认的“精冰”。他们会使用一些特殊器具如冰刀、冰锯来操练手中的冰块，通常先把一大块巨冰切成小份，然后手拿冰叉把冰块反复雕琢，凿成球状。晶莹的冰块甚至成了现代鸡尾酒的点睛之笔。

第三节 载杯创新

鸡尾酒的载杯塑造了一杯鸡尾酒的整体款型，因此鸡尾酒载杯的选取对鸡尾酒主题的凸显、外在形象的塑造和创意灵感的实现有着重要的意义。

一、鸡尾酒载杯的功能

一般来说鸡尾酒载杯具有四大基本功能。首先，鸡尾酒载杯是实用性必需品，是盛装鸡尾酒酒液的饮用容器。同时，由于鸡尾酒载杯形状各异、大小不一、形式多样，它又是一种辅助装饰，可以塑造鸡尾酒的外在形象，也能体现鸡尾酒的内在精神气质。其次，鸡尾酒的载杯有时是主题创意呈现和凸显的必要载体，选择一款恰当形状与质地的鸡尾酒载杯可以完美体现鸡尾酒创意的初衷，表现出鲜明的主题特色。再者，鸡尾酒载杯一般是用玻璃或水晶制成，现代创意鸡尾酒也会根据创意选择其他类型的器具，如用茶具、陶瓷器皿、竹制盛器等来替代透明杯。由于载杯材质的差异，饮用者对载杯的温度感知差异明显，用不同材质的载杯可以依据当时的季节和气温进行合理更换，选用可让饮用者感觉舒适的载杯。最后，不同的鸡尾酒有时因酒精度、酒水体积大小的差异或是针对某些特定鸡尾酒，需要搭配固定的载杯。

二、鸡尾酒载杯的创新运用

创意型鸡尾酒的载杯选择相对宽泛与灵活，不拘泥于选择固定的无色透明的玻璃杯或水晶杯。因此，鸡尾酒载杯在造型和质地上给设计者更多开放式选择，使得鸡尾酒带给品饮者更多感官上的享受和惊喜体验。比如，一杯含有橙汁的鸡尾酒可以选取掏空的橙子做成“果盒盛具”充当鸡尾酒的天然载杯；为了制作一款“吸烟有害健康”或“世界无烟日”主题的鸡尾酒，可以选用一根试管做载杯，用乳白色奶饮和深褐色的咖啡力娇酒搭配，在试管中塑造出烟嘴和烟体的造型；通过杯具与各式精美茶具的搭配使用可以增加鸡尾酒的艺术效果，突破固定范式；此外，还可以运用实物塑形的方式来自制一个固定载杯表达主题，如用液体白巧克力通过模具塑形成一个破壳的蛋壳，在蛋壳里滤入调制好的鸡尾酒等。

第四节　装饰物创新

鸡尾酒装饰物好比少女身上的饰物，通过修饰提升了鸡尾酒的整体品质。装饰物在鸡尾酒调制与创新过程中主要起到点缀、凸显主题的作用。

一、鸡尾酒装饰物的作用

对于鸡尾酒而言，装饰物做得好是画龙点睛，做得不妥就是画蛇添足。装饰物设计得好不仅让品饮者产生很好的第一印象，有时还起到微调鸡尾酒的口感、丰富鸡尾酒的色泽、显示鸡尾酒主要口感等功能。以果皮作装饰物，一方面是考虑部分水果的果皮经过加工后具有一定的艺术性，能起到一定装饰作用；另一方面利用果皮里的果油成分与鸡尾酒搭配饮用，可产生口感上的层次变化，比如新鲜柚子皮自带的芳香油融入鸡尾酒中，形成酸甜、酸爽的口感并能刺激人的胃口。总体而言，鸡尾酒装饰物具有以下一些作用。

（1）协调颜色，表情达意。色彩本身具有情绪表达的功能。例如：红色表示热烈而兴奋；绿色表示平静而稳定；蓝色表示忧郁或浪漫；黄色表示明朗而欢快。鸡尾酒装饰物的颜色是调酒师与品饮者感情交流的媒介。

（2）形象生动，突出主题。装饰物在鸡尾酒中起到画龙点睛的作用，形象生动的装饰物往往能表达出一个鲜明的主题或深邃的内涵，与鸡尾酒的主题遥相呼应。如“特基拉日出”这款鸡尾酒，装饰在杯口的橙片从颜色到形态都能让人联想到初晨天边冉冉升起的一轮红日。

（3）改善口味，微调口感。很多时候，鸡尾酒装饰物是对鸡尾酒调制过程中剩余的水果边角料进行加工和再利用，可以做成装饰物点缀于载杯上或酒水中，常见的有橘皮、橙皮、柠檬角等，这些水果类装饰物或其他一些调味型装饰物都能改善和微调鸡尾酒的口感，使一款鸡尾酒更具独特风味。

（4）丰富内涵，引领新产品。对于创意类鸡尾酒应以考虑品饮者口味为主，考量宾客需求，结合创意灵感进行大胆创新。在创意鸡尾酒制作过程中创新制作、不断更新，使用不同风味的调味型装饰物，实现鸡尾酒酒品的与时俱进。

二、鸡尾酒装饰物的创新制作原则

载杯和装饰物的恰当选择能让鸡尾酒饮品锦上添花，从而吸引品饮者的视觉注意力，为其带来赏心悦目的艺术享受。在鸡尾酒装饰的选择上，调酒师可以在选择好配方的基础上尽情发挥想象力和创造力，将各种原材料加以组合和变化，装饰出一款色、香、味、形俱佳的艺术饮品。同时，鸡尾酒装饰物的制作应考虑与载杯的搭配，与鸡尾酒主题创意的协调，尤其是创意鸡尾酒。

以下是鸡尾酒装饰物制作的基本原则。

（1）对于经典款的鸡尾酒，不要轻易改变其装饰物。对于一杯整体协调的鸡尾酒而言，装饰物宁缺毋滥、简胜于繁。有传统标准配方的著名鸡尾酒的装饰物比较固定，如“曼哈顿”用红车厘子；马天尼用橄榄；柯林斯类用柠檬片；“血腥玛丽”则应保持用芹菜杆装饰的传统。

（2）装饰物要尽可能和鸡尾酒配料相符。水果类装饰物会对鸡尾酒的口味产生些许影响，如放入酒液中的柠檬皮释放的柠檬油会改变鸡尾酒的口感，挂在杯沿的鲜橙角流下的果汁也会改变鸡尾酒的风味，因此尽量选择与鸡尾酒原料相一致的装饰物。同时还要求装饰物的味道和香气与酒品的原有味道和香气相吻合，并能更加突出鸡尾酒的特色。比如，调制一种以薄荷酒为辅料的鸡尾酒时，一般选用薄荷叶来装饰；当一种鸡尾酒的辅料构成中含有较多的橙汁或柠檬汁时，其装饰品一般选用橙子或柠檬。

（3）装饰物永远都只是附属品。鸡尾酒本身才是真正的主角，因此调制鸡尾酒时要注意时间分配，不宜花太多时间制作太过复杂的装饰物。当然，如果事先制成的且与鸡尾酒主题相配的精美装饰，也是一款鸡尾酒作品的亮点之一。如国内创意鸡尾酒比赛中常常会用一些复杂装饰物营造鸡尾酒的主题意境。

三、鸡尾酒装饰物的分类和装饰方法

1. 鸡尾酒装饰物的分类

传统的鸡尾酒装饰物是以水果的边角料合理利用为原则，同时以增加鸡尾酒的整体观感效果为目的而存在的，其做法和选料相对简单，例如酒签串联水果或腌制果；柠檬皮、柠檬角或柠檬片；既有装饰效果，又能影响口感的盐边；甚至是固定样式的吸管、鸡尾酒棒、装饰小伞；改变酒水口感的小青柠和薄荷叶；剩余的橙皮、香蕉片、苹果塔等。这些装饰物在西方鸡尾酒制作中运用非常普遍，有时候也可以不用任何装饰物。

根据装饰物的功能和特点主要分为四大类：第一类是点缀型装饰物。大多数鸡尾酒装饰物多属于此类，点缀型装饰物多为水果，常用的有车厘子、柠檬、菠萝、草莓、橙子、橘子等，此类装饰物要求体积较小，颜色与鸡尾酒相协调，同时要求与饮品的原味一致。第二类是调味型装饰物。主要是用有特殊风味的调料和水果来装饰饮品，同时对饮品的味道产生一定影响。常见的调味型装饰物有豆蔻粉、盐、糖粉、咖啡粉、桂皮等。还有一些水果、蔬菜装饰物也属于调味型装饰物，如橙子、柠檬、草莓、鸡尾酒洋葱、西芹、薄荷叶等。第三类是实用型装饰物。主要是指以吸管、酒签、调酒棒等作为装饰物，此类装饰物除具有实用性以外，由于设计独特还具有一定的观赏价值。第四类是意境型装饰物。此类装饰物相对复杂，需要较多的装饰物品进行组合，以凸显一款鸡尾酒的主题特征，营造出特性鲜明的主题氛围。这类装饰物常见于一些高端鸡尾酒私人宴会场所，或是一些创意鸡尾酒新锐作品大赛上。

除了以上四类主要装饰物，定制冰块装饰也流行起来。鸡尾酒中的冰块除了可以冷却、稀释酒和平衡口感外，在外形塑造上也可使整杯鸡尾酒晶莹剔透、璀璨夺目，与酒体相互映衬、浑然一体。由于不同鸡尾酒的品饮方法不同，所用的冰块形态也不尽相同，在调制鸡尾酒时一般添加诸如方冰、菱形冰、圆冰、薄片冰、细冰等。

2. 鸡尾酒装饰物的装饰方法

鸡尾酒装饰物制作的基本方法既体现规范性，又倡导自由灵活性。鸡尾酒装饰物的制作应提前准备，其装饰方法主要有杯口装饰、杯中装饰、挂霜装饰、主题意境式装饰或组合装饰等几种。

杯口装饰是鸡尾酒装饰中最常用的一种，即将制作好的装饰物置于载杯杯口之上，具有装饰物直观突出，色彩艳丽的特点。此类装饰物多采用水果作为原材料，挂杯和使用鸡尾酒签串联装饰物搭于载杯之上这两种形式较为常见。常用来作杯口装饰物的水果有橙子、柠檬、草莓、香瓜、菠萝、车厘子、苹果、猕猴桃等。而水果大多以片、角、皮、块的形式进行杯口装饰，车厘子、草莓等小型水果则采用整颗装饰为主。

杯中装饰的形式有三种，即将装饰物放在杯中、浮在液面和沉入杯底。杯中装饰具有艺术性强、寓意含蓄的特点，在鸡尾酒装饰中起到很好的作用。由于杯中装饰受到空间的限制，因此在选择装饰物时常选车厘子、鸡尾酒洋葱、橄榄、柠檬皮、薄荷叶、芹菜杆等小型装饰物品。另外，形式的选择必须符合鸡尾酒主题需要以及与酒品相协调。例如，如果是清澈透明的鸡尾酒，则可选择沉入杯底的装饰形式；如果是透视度不好的鸡尾酒，则可以选择将装饰物置于杯中、浮在液面的形式。

挂霜装饰有挂盐霜和挂糖霜两种形式，具有晶莹剔透、改善口感的特点。制作方法是先用柠檬在杯口边缘均匀地涂上一圈果汁，然后将杯口在盛有精细盐或糖的碟子里均匀蘸一圈，握住酒杯把柄均匀轻拍一圈以抖落多余盐或糖即可。挂何种霜应视鸡尾酒配方要求而定，但一般来说需挂霜的鸡尾酒中含有特基拉酒就一定要挂盐霜。如今，挂霜装饰的方法也有了一定的发展，表现在内容和形式上的丰富和创新。首先挂霜的形式不仅只是局限于传统的杯口挂霜，如今越来越多的挂霜会在杯身做出富有想象力的线条或图案，如做出螺旋纹曲线挂霜或图案形挂霜等，丰富了挂霜装饰的意境。其次，挂霜的原料也不仅仅局限于传统的盐和糖，各种干花碾碎成的粉末、咖啡粉、豆蔻粉、肉桂粉、碎末藕粉粒、新鲜桂花粒等素材都可以作为挂霜原料，大大丰富了挂霜装饰的形式与内容。

主题意境式装饰或组合装饰相对比较复杂，装饰物也相对较多。用以装饰的小摆件或陪衬主题的器皿、托盘、花艺、雕塑、工艺品等一切器物经有序组合，形成一个与主题相符的，能突出某一背景或意境的整体。鸡尾酒摆放其中一定要吸睛，这是整体作品的核心吸引物和亮点，即使有繁多而复杂的装饰物也不能喧宾夺主。东方审美讲究意境与情趣，注重形象和主题氛围的营造和气氛的渲染，因此对鸡尾酒的装饰物创新有独特的审美需求。中国的现代创意鸡尾酒会结合本土文化和历史文脉以讲故事、抒情怀的方式展示一杯酒的文化内涵和意蕴，会通过一系列多而复杂的系列装饰细节化呈现鸡尾酒的主题与内涵，以相对复杂的手法展示鸡尾酒背后的故事。例如，采用各种精美的装饰盘替代传统杯垫，在调制一杯酒的过程中使用干冰雾化来营造迷蒙的效果，将酒水放置于乌篷船艺术品之上来传达水乡古镇的地域文化等。

课堂小知识

鸡尾酒装饰应注意的两个问题

1. 鸡尾酒装饰物的形状与杯型相协调的一般原则

（1）用平底直身杯或高大矮脚杯时，常常需要吸管、调酒棒等实用性装饰物。此外还常用大型的果片、果皮或复杂的花型来装饰，体现出鸡尾酒整体高拔秀气的美感，也可以搭配樱桃、草莓等小型果实作组合装饰以增添色彩。

（2）用古典杯时，装饰上要体现传统风格。一般是将果皮、果实或一些蔬菜直接投入鸡尾酒中，表现稳重、厚实、纯正的风格。有时也加放短吸管或调酒棒等来辅助装饰。

（3）用高脚小型杯（主要指鸡尾酒杯和香槟杯）时，一般配以车厘子、橙片之类小型果实或果瓣直接缀于杯边，或用鸡尾酒签串悬于杯上，表现得小巧玲珑、丰富多彩。用盐霜、糖霜饰杯也是此类酒杯中较常见的装饰手法。

2. 不需装饰的酒品，切忌画蛇添足

装饰对于鸡尾酒的制作来说是个重要环节，但并不意味着每一杯鸡尾酒都需要装饰物，以下几种情况就不需要装饰物。

（1）表面有浓乳的酒品。这类鸡尾酒除了按标准酒谱配制、可撒些豆蔻粉之类的调味品外，一般不需要任何装饰物。因为漂浮的白色浓乳本身就是最好的装饰。

（2）彩虹酒。这类鸡尾酒因为五彩缤纷的酒色已经充分体现了它的美，再加装饰反而会造成颜色混乱，效果适得其反。

（3）特殊意境的鸡尾酒。为了保持某些具有特殊意境的酒品要求，则不需要在杯口做任何的装饰。

鸡尾酒装饰物切法与技巧

1. 鸡尾酒装饰物切割技巧

（1）以手指牢固地扶持着被切割的装饰物。

（2）食指中指微向内屈，拇指至于后端扶住被切物。

（3）指关节作为刀面之依托，如此可不致切到指尖。

（4）平稳地以适当力量下刀切割蔬果。

（5）切割时必须全神贯注。

2. 鸡尾酒装饰物的切法

（1）橙子切片：橙子横放，由中心下刀从头到尾切成两半；由中间直划1/2深的刀缝；平面朝下每隔适当距离切片；半月形的橙片可挂于杯边装饰。

（2）橙子、柠檬及青柠檬切圆片：水果放直，下刀划约1厘米深；横放后每间隔适当距离下刀切成薄片；切成圆片可挂于杯边装饰。

（3）柠檬角切法一：柠檬横放，切去头、蒂，由中央横向下刀一切为二；切面果肉朝下，再切成四等份或八等份；切成的柠檬角，挤出果汁后放入饮料中（一般不挂杯边）。

（4）柠檬角切法二：柠檬横放，切去头、蒂，由中央横向下刀一切为二；由横切面以刀轻划入1/2深；直切成八面新月形；横刀切成半月形的水果片，此种不宜挤汁，应挂杯装饰。

（5）柠檬角切法三：头尾切掉一部分；由上而下直刀一切为二；果肉朝下直刀切成两长条状（四瓣）；横放后再直刀每间隔适当距离下刀切成三角形状。

（6）菠萝块切法：选择成熟的菠萝把顶端绿叶去掉；菠萝横放将头尾一小截切掉；后直刀而下，一切为二；果肉朝下再直刀切成四分之一块；直立或横着将果心切掉；上端中央点划刀口至半；再横刀切片即成三角形；若以牙签将樱桃与菠萝串在一起即成为菠萝旗。

（7）芹菜杆切法：首先切掉芹菜根部带泥土部分；量测酒杯的高度；切除过长不用的底部；粗大之芹菜杆可再切为两段或三段，叶子应保留；将芹菜浸泡于冰水中一面变色，呈发黄或萎缩。

（8）牙签装饰应用：牙签串上红樱桃与橙子圆片即为橙子旗；红樱桃也可串上三角形柠檬；以牙签串上三粒橄榄或两粒珍珠洋葱。

第三章

创意鸡尾酒酒谱的东方美学构思

根据东方美学内涵设计的创意鸡尾酒，融合了丰富的东方文化元素和美学理念。从基酒与配料的选取到色彩与造型的呈现都颇具东方韵味，做到文化与寓意的融入、口感与风味的创新、艺术与美学的结合。

范例一

长歌行

配方

玫瑰露酒	1盎司
金樱子酒	1盎司
柠檬汁	1盎司
猕猴桃汁	2盎司
蜂蜜水	2盎司

载杯 古典杯

装饰物 青苹果片

调制方法 摇和法

（1）将适量冰块放入摇酒壶中；

（2）将玫瑰露酒、金樱子酒、柠檬汁、猕猴桃汁、蜂蜜水依次加入摇酒壶中充分摇匀；

（3）将充分摇匀的酒液滤入载杯中；

（4）将装饰物置于载杯上。

创意说明 此款鸡尾酒的创意取自《长歌行》中“阳春布德泽，万物生光辉”。整杯酒端庄古朴、色泽青绿，以猕猴桃汁渲染出酒的基础色调。玫瑰露酒的辛辣和柠檬汁、蜂蜜水的酸甜使得酒的口感丰富而有层次感。感叹时光易逝，鼓励年轻人奋发有为、不负韶华。

器材 摇酒壶、盎司器、冰桶、冰夹

口味特征 酸甜爽口、微辛

范例二

雷峰夕照

配方

蜜桃力娇酒	1 盎司
杨梅酒	2 盎司
火龙果酵素	1 盎司
鲜橙汁	2 盎司
草莓糖浆	0.2 盎司

载杯 古典杯

装饰物 橙皮、青苹果片

调制方法 摇和法、调和法

（1）将适量冰块加入载杯中进行冰杯；

（2）在摇酒壶中加入适量冰块；

（3）将杨梅酒、火龙果酵素、草莓糖浆分别倒入摇酒壶中，充分摇和后将酒液滤入载杯；

（4）将适量冰块加入波士顿壶中，再将蜜桃力娇酒、鲜橙汁分别倒入波士顿壶，用吧匙棒充分搅拌后，将酒液滤入载杯；

（5）最后将装饰物置于杯沿。

创意说明 诗画江南，平添水墨西湖以一抹神秘的色彩。此款鸡尾酒用古典杯盛装，隐喻出老衲的沉稳、端庄，形如雷峰宝塔端矗于西湖之滨。酒体如霞，霞光入波，一杯酒载一幕传说，正是“夕照雷峰霞满天，天光云影碧水涟，涟漪拍岸轻舟过，古塔辉煌万人瞻。”

器材 波士顿壶、摇酒壶、吧匙棒、冰桶、冰夹、盎司器

口味特征 香甜可口、果香浓郁

范例三

蓝色珊瑚礁

配方

伏特加	1 盎司
鲜椰汁	1 盎司
蓝柑橘糖浆	0.5 盎司
雪碧	适量

载杯 海波杯

装饰物 杨桃片

调制方法 调和法

（1）在波士顿壶中加入适量冰块，将冰块加入海波杯进行冰杯；

（2）将伏特加、鲜椰汁、蓝柑橘糖浆分别加入波士顿壶，充分摇匀后将酒液滤入载杯；

（3）将雪碧注入载杯至八分满；

（4）将装饰物置于杯沿。

创意说明 此款鸡尾酒洋溢着浓浓的海岛风情，仿佛蓝天白云倒影其中，深邃而神秘。伏特加与果汁的完美混合，搭配着蓝柑橘糖浆晕染出的那一抹莹亮的蓝，显得高贵典雅。此款鸡尾酒入口清爽、沁人心脾。品尝着它，仿佛置身于美丽海岛，轻松惬意。

器材 波士顿壶、冰桶、冰夹、盎司器

口味特征 甘甜柔美

范例四

若梦

配方

猕猴桃酒	2 盎司
芹菜酵素	2 盎司
柠檬汁	0.5 盎司
菠萝糖浆	0.3 盎司
汤力水	适量

载杯 香槟杯

装饰物 黄瓜雕饰、橙皮

调制方法 摇和法

(1) 在载杯中加入冰块进行冰杯;

(2) 在摇酒壶中加入适量冰块，再将猕猴桃酒、芹菜酵素、柠檬汁、菠萝糖浆分别倒入摇酒壶中充分摇和;

(3) 将充分摇匀的酒液滤入载杯，再注入适量汤力水至八分满;

(4) 将装饰物置于杯口。

创意说明 此款鸡尾酒创意取自《画堂春》中“一生一代一双人”。以自制的猕猴桃酒为基酒，加入柠檬汁、菠萝糖浆、芹菜酵素，与汤力水搭配保证酒体鲜翠，酸甜适中、果香浓郁，同时营造出人生若梦的情境。

器材 摇酒壶、冰夹、冰桶、盎司器

口味特征 酸甜、爽口

范例五

碧宫鲜果

配方

金酒	2盎司
猕猴桃浸泡酒	1盎司
蜜瓜力娇酒	0.5盎司
凤梨果泥	0.2盎司
苏打水	适量

载杯 古典杯

装饰物 圣女果、青苹果片

调制方法 摇和法、兑和法

（1）在载杯中加入适量冰块进行冰杯；

（2）将适量冰块放入摇酒壶中，再将金酒、蜜瓜力娇酒、猕猴桃浸泡酒、凤梨果泥依次加入摇酒壶中，充分摇和后将酒液滤入载杯中；

（3）在载杯中加入苏打水至八分满；

（4）将装饰物挂杯装饰。

创意说明 此款酒外形独特，色彩迷人，颇具南国特色和夏日风情。此款鸡尾酒以金酒为基酒，馥郁香甜、清冽爽口，富有猕猴桃浸泡酒的特征味。凤梨果泥和蜜瓜力娇酒的香味经苏打水扩散至味蕾，可以体验其独特的清香，唯美而浪漫。

器材 摇酒壶、盎司器、冰桶、冰夹

口味特征 果香浓郁、清新醇馥

范例六

妃子笑

配方

金酒	1盎司
青梅酒	1盎司
橘味果泥	3盎司
西红柿酵素	2盎司
青柠汁	0.5盎司

载杯 海波杯

装饰物 荔枝、圣女果

调制方法 调和法、兑和法

（1）在波士顿壶中加入适量冰块；

（2）将金酒、青梅酒、橘味果泥、青柠汁倒入波士顿壶中，用吧匙棒充分搅拌后将酒液滤入载杯中；

（3）将西红柿酵素引流漂浮于酒液上；

（4）将装饰物置于杯沿。

创意说明 此款鸡尾酒取意于"一骑红尘妃子笑，无人知是荔枝来"。酒体饱满温润，颇具古典气息。此款鸡尾酒以金酒为基酒，以青梅酒为辅，加入橘味果泥和西红柿酵素，富含营养元素，散发着西红柿酵素淡淡甜香，酸甜可口、回味无穷。

器材 波士顿壶、盎司器、吧匙棒、冰桶、冰夹

口味特征 酸甜可口

范例七

芙蓉弄影

配方

金酒	1 盎司
杨梅酒	2 盎司
柑橘味糖浆	0.5 盎司
青柠汁	1 盎司
芙蓉花茶	2 盎司

载杯　海波杯

装饰物　柠檬皮、黄瓜、竹叶

调制方法　调和法

（1）将芙蓉花茶泡好冷却后备用；

（2）将适量冰块、金酒、杨梅酒、柑橘味糖浆、青柠汁、芙蓉花茶加入波士顿壶，用吧匙棒充分搅拌后将酒液滤入放有冰块的载杯；

（3）将装饰物置于杯沿。

创意说明　此款酒的新意是用金酒作为基酒，以杨梅酒作为辅料。金酒杜松子的清新爽口辅以杨梅酒的清甜味，使得酒味醇厚迷人，再佐以青柠汁、柑橘味糖浆使之清新且不寡淡，让人心驰神往。

器材　波士顿壶、冰桶、冰夹、盎司器、吧匙棒

口味特征　清新甜香

范例八

绿水逶迤

配方

白朗姆酒	1 盎司
苹果力娇酒	2 盎司
米酒	2 盎司
可尔必思乳饮	1 盎司
柠檬汁	0.5 盎司

载杯 香槟杯

装饰物 蜜瓜片、圣女果

调制方法 摇和法

（1）在载杯中加入适量冰块进行冰杯；

（2）在波士顿壶中加入适量冰块，再将白朗姆酒、苹果力娇酒、米酒、可尔必思乳饮、柠檬汁倒入波士顿壶中充分摇匀，将充分摇匀后的酒液滤入载杯中；

（3）将装饰物置于杯沿。

创意说明 轻舟短棹西湖好，绿水逶迤、芳草长堤，隐隐笙歌处处随。这款以白朗姆酒为基酒，自制米酒和苹果力娇酒为辅料的鸡尾酒，给人以清新舒适的口感。品尝它，有种泛舟湖上的轻松惬意。口感甜中带酸，清冽可口。

器材 波士顿壶、盎司器、吧匙棒、冰桶、冰夹

口味特征 清甜爽口

范例九

荔枝来

配方

荔枝力娇酒	1 盎司
金桔酒	0.5 盎司
西柚汁	0.5 盎司
蔓越莓汁	1 盎司
无色糖浆	0.2 盎司

载杯　异形杯

装饰物　黄瓜雕饰

调制方法　摇和法、兑和法

（1）先将适量的冰块加入摇酒壶中；

（2）将荔枝力娇酒、金桔酒、西柚汁、无色糖浆加入摇酒壶中，充分摇和后将酒液滤入载杯中；

（3）再将蔓越莓汁用吧匙棒引流入杯；

（4）将黄瓜雕饰物斜插入杯口装饰。

创意说明　此款鸡尾酒的取名来源于诗句“一骑红尘妃子笑，无人知是荔枝来”，寓意着希望总会不经意间走进我们的生活。荔枝力娇酒的果香配以西柚汁的酸甜，使得整杯酒口感温润婉约，金桔酒与蔓越莓汁渲染出淡淡的琉璃酒色，恰似娇媚的妃子花中露笑颜。用黄瓜雕成的菊花做装饰可让人眼前一亮，整体酒色如水晶，香醇如幽兰，入口甘美醇和，回味无穷。

器材　摇酒壶、冰桶、冰夹、盎司器、吧匙棒

口味特征　酒香浓郁、果香四溢

范例十

长河落日

配方

古河州白酒	2 盎司
波士蛋黄酒	1 盎司
沙棘汁	0.5 盎司
柠檬柚子茶	3 盎司
安哥拉斯苦精酒	数滴

载杯 特饮杯

装饰物 新鲜樱桃、橙角

调制方法 调和法、兑合法

（1）将适量冰块放入载杯中进行冰杯，然后在波士顿壶中加入适量的冰块；

（2）在波士顿壶中加入古河州白酒、蛋黄酒、沙棘汁和柠檬柚子茶，用吧匙棒充分搅拌后将酒液滤入载杯中；

（3）用吧匙棒将数滴安哥拉斯苦精酒漂浮于酒液上；

（4）用新鲜樱桃和橙角进行装饰。

创意说明 这款“长河落日”鸡尾酒口感粗犷而略带酸甜，形如黄沙莽莽里的苍茫日落，苍凉壮阔中透露出生命轮回的赤诚，仿佛是对赤日炎炎下古丝绸之路的隔空遥想。有着西北汉子品性的古河州白酒浓烈而浑厚，注入的沙棘汁色如黄沙，代表着黄土高原倔强的生命力，生生不息。细品滴于酒液上的苦精酒，仿佛置身大漠，遥望大漠孤烟，心生壮美悲凉之感。

器材 波士顿壶、冰桶、冰夹、盎司器、吧匙棒

口味特征 酸甜甘冽

范例十一

水墨嫣红

配方

金酒	1 盎司
猕猴桃浸泡酒	2 盎司
西柚汁	2 盎司
鲜奶油	适量
红石榴糖浆	少许

载杯 海波杯

装饰物 橙皮、黄瓜

调制方法 搅合法

（1）将适量冰块加入海波杯进行冰杯；

（2）将适量冰块、金酒、猕猴桃浸泡酒、鲜奶油、西柚汁倒入搅拌机中；

（3）用搅拌机搅拌混合酒液，将调制好的鸡尾酒倒入载杯中；

（4）用吸管吸取石榴糖浆，从酒液顶部垂直注入。

创意说明 这是一款独特的鸡尾酒，以鲜奶油为辅料搅拌制作而成，口感丝滑且有浓郁的奶香，红石榴糖浆作为滴坠的“泪滴”是整款酒的点睛之笔。洁白的杯体中划过一丝殷红，如水墨画中绽开的鲜红的花蕾，洒脱却又透着一丝妖娆，神秘中彰显一丝曼妙。

器材 搅拌机、冰桶、冰夹、盎司器

口味特征 奶香浓郁、香甜可口

范例十二

待君归

配方

蓝橙力娇酒	0.5盎司
红豆杉浸泡酒	1盎司
西柚汁	1盎司
芹菜酵素	适量

载杯 香槟杯

装饰物 苹果雕花

调制方法 摇和法、兑和法

（1）将适量冰块加入摇酒壶中；

（2）在摇酒壶中依次加入蓝橙力娇酒、红豆杉浸泡酒、西柚汁，充分摇匀后滤入香槟杯中；

（3）将芹菜酵素缓缓注入杯中至八分满；

（4）最后将装饰物置于杯上。

创意说明 此款鸡尾酒取意“陌上花已开，妾待君归来，许我花开花落不相散”。小酌第一口，就像刚初见时的明媚，细品酒意，待君归来，等待时光漫漫，回忆与思念愈发浓烈，红豆杉酒与蓝橙力娇酒相配的浓烈与执着，也象征着等待与回忆的碰撞相融。品之，相思之情愈加浓厚。

器材 摇酒壶、冰桶、冰夹、盎司器、吧匙棒

口味特征 清新爽口

范例十三

安得五彩虹

配方

红石榴糖浆	0.5 盎司
沙棘汁	2 盎司
蓝橙力娇酒	2 盎司
白朗姆酒	0.5 盎司

载杯　果汁杯

装饰物　鸡尾酒棒、吸管

调制方法　调和法、摇和法

（1）在载杯中加入适量冰块进行冰杯；

（2）在载杯中加入沙棘汁至八分满；

（3）用盎司器取 0.5 盎司红石榴糖浆，用吧匙棒引流至杯底；

（4）在波士顿壶中放入适量冰块，加入蓝橙力娇酒和白朗姆酒，充分摇和后将酒液滤入载杯中；

（5）将吸管和鸡尾酒棒插入杯中装饰。

创意说明　这款鸡尾酒取名自李白《焦山望廖山》中的一句诗“安得五彩虹，架天作长桥”。酒体颜色呈渐变色，色彩组合丰富。三种主色调为红石榴糖浆的红、沙棘汁的黄和蓝橙酒的蓝与组合渲染出的绿色、橙色交相辉映，具有多彩炫目的视觉感受，口感层次丰富。

器材　波士顿壶、冰桶、冰夹、盎司器、吧匙棒

口味特征　酸爽怡人

范例十四

春醒

配方

玫瑰露酒	1盎司
蜜瓜利口酒	2盎司
桂花酒	0.5盎司
西柚汁	1盎司
鲜牛奶	1盎司

载杯 特饮杯

装饰物 薄荷叶、樱桃

调制方法 摇和法

(1) 将适量冰块加入载杯中进行冰杯;

(2) 将适量冰块加入摇酒壶中，再将玫瑰露酒、蜜瓜利口酒、桂花酒、西柚汁、鲜牛奶依次倒入其中，待充分摇匀后将酒液滤入载杯;

(3) 将装饰物挂杯装饰。

创意说明 这款鸡尾酒取名“春醒”，弥漫着春天的味道——万物复苏、绿满春城，一座城历经一个冬天的蛰伏，透露着勃勃生机。“池水变绿色，池芳动清辉”，杯体清新可人，让人怦然心动。西柚汁的微酸和蜜瓜利口酒的微甜制造出了鸡尾酒清凉舒适的口感，搭配以醒目的装饰物，仿佛叩响了大地春醒。

器材 摇酒壶、冰桶、冰夹、盎司器、吧匙棒

口味特征 香甜可人、奶香浓郁

范例十五

蝶恋花

配方	伏特加	2盎司
	草莓力娇酒	1盎司
	蝶豆花茶	1盎司
	可尔必思乳饮	1盎司
	苏打水	适量

载杯 郁金香杯

装饰物 苹果雕饰花

调制方法 调和法

（1）在波士顿壶中加入适量冰块；

（2）将伏特加、草莓力娇酒、可尔必思乳饮加入波士顿壶，用吧匙棒搅拌均匀后将酒液滤入载杯中；

（3）将苏打水注入载杯中，再将蝶豆花茶引流入杯；

（4）将装饰物置于载杯边缘。

创意说明 自古蝶来多恋花，此款鸡尾酒带着蝶舞芬芳，陶醉于春天的脚步，好似“花留蛱蝶粉”。酒体色彩迷人，蝶豆花茶的紫色渲染出与众不同的气质，高贵而典雅。酒中含有可尔必思乳饮的香甜，又有伏特加的干烈，让品尝者忘却自我，仿佛时光穿梭。

器材 波士顿壶、冰桶、冰夹、盎司器、吧匙棒

口味特征 酸甜可口

范例十六

青翡染玉

配方

猕猴桃酒	2 盎司
苹果力娇酒	1 盎司
青瓜酵素	1 盎司
菠萝汁	2 盎司
蜂蜜水	1 盎司

载杯 古典杯

装饰物 橙皮、黄瓜

调制方法 摇和法、调和法

（1）将碎冰加入载杯中；

（2）将猕猴桃酒、菠萝汁、蜂蜜水加入摇酒壶中，充分摇和后将酒液滤入载杯；

（3）将苹果力娇酒、青瓜酵素加入放有冰块的波士顿壶中，搅拌后将酒液滤入载杯；

（4）将装饰物置于杯沿。

创意说明 此款酒的新意来源于诗句“翠竹法身碧波潭，滴露玲珑透彩光”。用苹果力娇酒和青瓜汁彰显主色调，辅以蜂蜜的甘香，尽显酒的淡雅知性。似是翡翠在微波中晕染出如玉般的光泽。

器材 摇酒壶、波士顿壶、冰桶、冰夹、盎司器

口味特征 酸爽、微辛

范例十七

沉鱼

配方		
	蓝橙力娇酒	0.5 盎司
	百利甜酒	0.5 盎司
	莫林薄荷糖浆	1.5 盎司
	红石榴糖浆	数滴

载杯　烈酒杯

装饰物　无

调制方法　兑和法

（1）取适量莫林薄荷糖浆注入载杯至六分满；

（2）取 0.5 盎司蓝橙力娇酒，用吧匙棒将其引流注入载杯；

（3）取 0.5 盎司百利甜酒，用吧匙棒将其引流注入载杯；

（4）用滴管吸取红石榴糖浆，从酒液上方垂直滴入即可。

创意说明　此款鸡尾酒借鉴分层酒形成的原理，运用色差营造出分层效果，因比重差异，下方以半透明的莫林薄荷糖浆沉底，酒体上部自上而下依次为奶灰色百利甜酒和蓝橙力娇酒，最后用滴管将数滴红石榴糖浆坠入其中，依次穿过百利甜酒和蓝橙力娇酒，沉入薄荷糖浆中，形似“沉鱼”之态，唯美动人。

器材　盎司器、吧匙棒、滴管

口味特征　清香甜润

范例十八

玉生烟

配方

荔枝力娇酒	2 盎司
蓝橙力娇酒	0.5 盎司
青柠汁	0.5 盎司
梨汁酵素	2 盎司
柳橙糖浆	适量

载杯 异形杯

装饰物 青苹果片、樱桃

调制方法 调和法

（1）先将适量冰块放入波士顿壶中；

（2）将蓝橙力娇酒、荔枝力娇酒、柳橙糖浆、梨汁酵素、青柠汁依次放入波士顿壶中；

（3）用吧匙棒将酒液充分搅拌后滤入载杯；

（4）将装饰物置于载杯上。

创意说明 此款酒以蓝橙力娇酒和荔枝力娇酒为主，又辅以梨汁酵素的甘润，酒体如大海里明月倒映的影子，又似眼泪幻化的珍珠，杯口以青苹果片做点缀，此款酒创意出自古诗《锦瑟》中“蓝田日暖玉生烟”一句，衬托出浩瀚长空日出生烟的美好意境，又仿佛有着人生如梦的惆怅和迷惘。

器材 波士顿壶、冰桶、冰夹、盎司器、吧匙棒

口味特征 酸爽、微辛

范例十九

桃之夭夭

配方

猕猴桃酒	2 盎司
蜜桃力娇酒	2 盎司
柠檬汁	0.5 盎司
石榴汁	1 盎司
可尔必思乳饮	1 盎司

载杯　香槟杯

装饰物　玫瑰花瓣、黄瓜雕饰、橙皮雕饰

调制方法　摇和法

（1）先将适量冰块放入摇酒壶中；

（2）将猕猴桃酒、蜜桃力娇酒、柠檬汁、石榴汁、可尔必思乳饮加入摇酒壶中充分摇和后，将酒液滤入载杯；

（3）用玫瑰花瓣、黄瓜雕饰、橙皮雕饰进行装饰。

创意说明　此款鸡尾酒用猕猴桃酒这一颇具江南特色的浸泡酒为基酒，又辅以蜜桃力娇酒的清甜果香，杯身外以碎花瓣点缀，杯口用黄瓜和橙皮做装饰，三月春的气息扑面而来，犹如入桃花林，落英缤纷。此酒美好的意境宛如诗中有曰：“桃之夭夭，灼灼其华。”

器材　摇酒壶、冰桶、冰夹、盎司器

口味特征　酸冽可口

范例二十

节节高

配方

白朗姆酒	1盎司
蜜瓜力娇酒	2盎司
玉米酒	1盎司
青瓜汁	2盎司
雪碧	适量

载杯 竹节异形杯

装饰物 橙角、樱桃

调制方法 调和法、摇和法

(1) 将适量冰块倒入竹节异形杯进行冰杯;

(2) 将冰块、白朗姆酒、玉米酒倒入摇酒壶中，充分摇和后将酒液滤入载杯中;

(3) 将青瓜汁和蜜瓜力娇酒倒入波士顿壶中，搅拌后滤入载杯中;

(4) 将雪碧倒入载杯中至八分满;

(5) 将装饰物置于杯沿。

创意说明 此款鸡尾酒加入东北特有的玉米酒，香味独特，颜色由淡蓝色渐变为淡黄色，给人一种步步高升的感觉。竹节杯与酒体色彩相得益彰，形似节节高的富贵竹，有着前程似锦、勇攀高峰的美好寓意。

器材 摇酒壶、波士顿壶、冰桶、冰夹、盎司器

口味特征 清凉酸爽

范例二十一

晚安

配方		
	特基拉酒	1 盎司
	桑葚酒	0.5 盎司
	樱桃力娇酒	0.5 盎司
	洛神花茶	2 盎司
	苏打水	适量

载杯　异形杯

装饰物　青苹果片、鲜樱桃

调制方法　调和法

（1）将冰块放入杯中进行冰杯；

（2）将适量冰块放入波士顿壶中，将特基拉酒、桑葚酒、樱桃力娇酒、洛神花茶依次加入波士顿壶中；

（3）将酒液充分搅拌后滤入到载杯中，在杯中注入苏打水至八分满；

（4）将装饰物置于杯沿。

创意说明　紫色是红蓝两种原色碰撞混合而成的色彩，弥漫着神秘、浪漫的气息。这杯鸡尾酒色彩独特、杯体曼妙，像亲密恋人赴一场玫瑰之约，一句晚安像是恋人般的问候，也暗藏着对彼此深深的眷恋。

器材　波士顿壶、冰桶、冰夹、盎司器、吧匙棒

口味特征　酸甜可口

范例二十二

花想容

配方

杨梅酒	1 盎司
樱桃力娇酒	1 盎司
石榴汁	1 盎司
青柠汁	1 盎司
牛奶	适量

载杯 异形杯

装饰物 羽毛

调制方法 摇和法

（1）将适量冰块放入摇酒壶中；

（2）将杨梅酒、樱桃力娇酒、石榴汁、青柠汁和牛奶依次倒入摇酒壶中，充分摇和后将酒液滤入载杯；

（3）将羽毛装饰物粘于杯壁边。

创意说明 此款鸡尾酒酒体呈粉红色，创意来源于《清平调·其一》中的一句“云想衣裳花想容”，一代君王唐玄宗对爱妃的爱慕成为佳话。借着酒体如花的容颜毫无保留地展现出君王之爱也能如此飘逸柔美，以洁白的羽毛作点缀更显雍容华贵。

器材 摇酒壶、冰桶、冰夹、盎司器

口味特征 酸甜可口

范例二十三

花间一壶

配方

桂花酒	2 盎司
桃花酒	1 盎司
玫瑰酒	1 盎司
柠檬汁	1 盎司
桂花糖浆	0.2 盎司

载杯　香槟杯

装饰物　苹果雕饰、青瓜皮

调制方法　摇和法、调和法

（1）在载杯中加入冰块进行冰杯；

（2）将适量冰块、桃花酒、桂花酒、桂花糖浆加入摇酒壶中充分摇和；

（3）将充分摇和好的酒液滤入载杯中；

（4）将玫瑰酒、柠檬汁倒入装有冰块的波士顿壶，用吧匙棒充分搅拌后将酒液滤入载杯中；

（5）将装饰物放于杯口边缘。

创意说明　李白曾写诗《月下独酌》，这杯鸡尾酒的创意便源于此。由桂花酒、桃花酒、玫瑰酒为基础进行调制，映衬诗中“花间一壶酒”的唯美意境，让品饮者仿佛置身芬芳的花海，迷醉于花香世界。柠檬汁和桂花糖浆酸甜度的调和又使得这杯鸡尾酒口感平衡，余味无穷。

器材　摇酒壶、波士顿壶、吧匙棒、冰桶、冰夹、盎司器

口味特征　花香四溢、酸甜爽口

范例二十四

归隐

配方

白兰地	1 盎司
金桔酒	1 盎司
苹果酵素	2 盎司
菊花茶	2 盎司
蜂蜜水	适量

载杯 马天尼杯

装饰物 圣女果、装饰草帽

调制方法 调和法

（1）先将菊花茶泡开，冷却后备用；

（2）在波士顿壶中放入适量的冰块；

（3）将白兰地、金桔酒、菊花茶、蜂蜜水倒入波士顿壶中，用吧匙棒充分搅拌；

（4）将搅拌均匀的酒液滤入载杯中；

（5）将装饰物置于杯沿。

创意说明 此款鸡尾酒以白兰地为基酒，再配以金桔酒、苹果酵素和具有平肝明目与清热功效的菊花茶，酒味清新淡雅，犹如品味陶渊明《饮酒(其五)》中所言“采菊东篱下，悠然见南山”豁然开朗的意境。令人远离城市喧嚣，带着悠然自得的心境归隐山田，也给身处喧闹城市中的人们以“结庐在人境，而无车马喧”的宁静。

器材 波士顿壶、吧匙棒、冰桶、冰夹、盎司器

口味特征 清冽爽口

范例二十五

配方

白兰地	2 盎司
樱花酒	2 盎司
蜂蜜水	1 盎司
龙井茶	1 盎司

载杯　马天尼杯

装饰物　鲜樱桃、橙皮

调制方法　调和法

（1）冲泡龙井茶，待茶冷却后备用；

（2）将马天尼杯进行冰杯；

（3）将适量冰块、白兰地、樱花酒、蜂蜜水、龙井茶加入波士顿壶中，用吧匙棒充分搅拌后将酒液滤入载杯中；

（4）将装饰物置于载杯上。

创意说明　雀舌未经三月雨，龙芽新占一枝春。此款鸡尾酒是用白兰地和三月盛开的樱花制成的樱花酒为基酒，彼此相得益彰，辅以蜂蜜水的甘甜，提升鸡尾酒口感的柔和度，茶香缓和酒的辛辣感，使得这款鸡尾酒中西合璧、茶酒相融，颇有情趣。

器材　波士顿壶、盎司器、吧匙棒、冰桶、冰夹

口味特征　清冽甘醇、清新怡人

范例二十六

枯木逢春

配方

威士忌	2盎司
凤阳草泡酒	1盎司
生姜红枣酵素	1盎司
柠檬汁	1盎司
柚子茶	2盎司

载杯 马天尼杯

装饰物 薄荷叶

调制方法 摇和法

（1）将马天尼杯进行冰杯；

（2）将适量冰块放入摇酒壶中；

（3）将威士忌、凤阳草泡酒、生姜红枣酵素、柠檬汁、柚子茶加入摇酒壶中，充分摇和后将酒液滤入载杯；

（4）将装饰物挂杯装饰。

创意说明 此款鸡尾酒的创意是用威士忌和凤阳草泡酒这两款风格不同的酒为基酒，酒体晦暗，营造出秋天棕色树叶的枯败感，辅以酵素的甘香，杯口用新鲜的薄荷叶点缀，营造出一丝春日生命的律动，与酒体形成鲜明的碰撞，恰似枯木逢春的意境。

器材 摇酒壶、冰桶、冰夹、盎司器

口味特征 酸甜交融、甘冽浓香

范例二十七

雨酥

配方

苹果力娇酒	1 盎司
白可可力娇酒	0.5 盎司
可尔必思乳饮	2 盎司
龙井茶	1 盎司
青柠汁	1 盎司

载杯　异形杯

装饰物　橙皮、薄荷叶

调制方法　摇和法

（1）将适量冰块放入载杯中进行冰杯；

（2）在摇酒壶中加入适量的冰块；

（3）在调酒壶中加入苹果力娇酒、白可可力娇酒、可尔必思乳饮、龙井茶和青柠汁，充分摇和后将酒液滤入载杯中；

（4）用装饰物挂杯装饰。

创意说明　“天街小雨润如酥，草色遥看近却无”，鸡尾酒“雨酥”承载了这般景致：初春小雨如丝般飘洒在空中，像酥酪般细密，滋润着万物。春雨初停，茫茫迷雾中远望，青绿色依稀连成一片，近看却是初春小草沾雨后的酥软，极淡的青绿色给人绿意葱茏的美感。

器材　摇酒壶、冰桶、冰夹、盎司器

口味特征　清凉甘冽

范例二十八

璀璨星空

配方

紫罗兰力娇酒	1 盎司
杨梅酒	2 盎司
蝶豆花蜂蜜水	3 盎司
柠檬汁	1.5 盎司
柑橘味糖浆	数滴

载杯 异形杯

装饰物 青苹果、新鲜樱桃

调制方法 摇和法

（1）把蝶豆花用热水冲泡，加入蜂蜜搅拌，冷却后备用；

（2）在摇酒壶中加入冰块；

（3）在摇酒壶中加入紫罗兰力娇酒、杨梅酒、柠檬汁、柑橘味糖浆，充分摇和后将酒液滤入载杯；

（4）将蝶豆花蜂蜜水引流入杯；

（5）将装饰物置于载杯上。

创意说明 这款鸡尾酒酒体绚丽，营造出星空绚丽的迷幻场景。一杯酒好似盛下了整个星空的风云流动，鸡尾酒上层漂浮的紫色星空映衬着繁星，让品尝者仿佛置身于浩渺宇宙。

器材 摇酒壶、冰桶、冰夹、盎司器、吧匙棒

口味特征 酸甜爽口

范例二十九

初夏

配方

香蕉力娇酒	1 盎司
梅子酒	1.5 盎司
柠檬汁	0.5 盎司
蜂蜜水	0.5 盎司
雪碧	适量

载杯　玛格丽特杯

装饰物　薄荷叶

调制方法　摇和法

（1）将适量冰块放入摇酒壶中；

（2）将香蕉力娇酒、梅子酒、柠檬汁、蜂蜜水倒入摇酒壶，充分摇匀后将酒液滤入载杯；

（3）将雪碧注入杯中至八分满；

（4）用薄荷叶作装饰。

创意说明　此款鸡尾酒的创意来自杨万里的《闲居初夏午睡起》。诗中"梅子留酸软齿牙，芭蕉分绿与窗纱"描述了梅子酸留于齿牙间的回味悠长；芭蕉初长，而绿荫映衬到纱窗上。品饮这杯以香蕉力娇酒和梅子酒为基酒的鸡尾酒，柠檬汁和雪碧浸润出酒水的清凉感，蜂蜜水调和了酒水酸度并以薄荷叶点缀，映衬出夏日清凉和诗中悠闲自得的心境。

器材　摇酒壶、冰桶、冰夹、盎司器

口味特征　酸甜清凉

范例三十

恋琼枝

配方

桑葚酒	1 盎司
草莓力娇酒	1 盎司
柠檬蜂蜜水	2 盎司
椰汁	1 盎司

载杯 马天尼杯

装饰物 柠檬片

调制方法 摇和法

（1）在马天尼杯中加入适量冰块进行冰杯；

（2）将适量冰块加入摇酒壶中；

（3）再将桑葚酒、草莓力娇酒、椰汁、柠檬蜂蜜水倒入摇酒壶中，充分摇和后将酒液滤入载杯；

（4）将装饰物置于杯沿。

创意说明 此款鸡尾酒以桑葚酒为基酒，取意《桑葚》一诗中“芳容依旧恋琼枝”，是一款适合少女饮用的鸡尾酒，有着独特的草莓色酒汁，细腻的泡沫漂浮在酒液表层。轻啜一口桑葚酒香甜的味道，伴着柠檬蜂蜜水的甘香，给人一种温馨浪漫的感觉。

器材 摇酒壶、冰桶、冰夹、盎司器

口味特征 口感酸甜、清冽爽口

范例三十一

向日倾

配方

伏特加	1.5 盎司
桂花酒	1 盎司
青柠汁	0.5 盎司
蜂蜜水	1 盎司

载杯 马天尼杯

装饰物 黄瓜、柠檬条

调制方法 摇和法

（1）在马天尼杯中加入适量冰块进行冰杯；

（2）将适量冰块放入摇酒壶中，依次将伏特加、桂花酒、青柠汁、蜂蜜水倒入摇酒壶中进行摇和；

（3）将充分摇和后的酒液滤入载杯；

（4）将装饰物置于杯沿。

创意说明 这款鸡尾酒的酒名与创意出自司马光《客中初夏》一诗中“更无柳絮因风起，惟有葵花向日倾”。以伏特加和自制桂花酒为基酒，辅以青柠汁和蜂蜜水进行调制，酒体色泽瑰丽，酒味浓醇、清冽爽口，怡景怡情，并撩动着品饮者敏感的味蕾。

器材 摇酒壶、冰桶、冰夹、盎司器

口味特征 甘甜、爽口

范例三十二

如梦令

配方

君度酒	0.5 盎司
蓝橙力娇酒	1 盎司
苹果酵素	2 盎司
柠檬汁	1 盎司

载杯 香槟杯

装饰物 圣女果、薄荷叶

调制方法 摇和法

（1）在摇酒壶中加入适量的冰块；

（2）在摇酒壶中分别倒入君度酒、蓝橙力娇酒、苹果酵素、酸甜柠檬汁，充分摇匀后滤入载杯中；

（3）将装饰物置于杯沿。

创意说明 此款鸡尾酒外形独特，载杯迷人，颇具南国特色和夏日情怀。创意来源于词人李清照的《如梦令·昨夜雨疏风骤》，雨疏风骤之夜，浓睡消不去的是残酒。试问卷帘人，一切是否依然如故。酒体呈现出淡雅蓝，让品饮者也置身于淡淡的优雅氛围，搭配其中的苹果酵素和新鲜柠檬汁，酸甜适度。

器材 摇酒壶、冰桶、冰夹、盎司器

口味特征 清香甜润

范例三十三

金风玉露

配方

加力安奴	1 盎司
刺梨酒	1 盎司
可尔必思乳饮	0.5 盎司
柑橘味糖浆	0.2 盎司
苹果味汽水	适量

载杯 海波杯

装饰物 橙角

调制方法 摇和法

（1）将适量冰块放入海波杯进行冰杯；

（2）将适量冰块放入摇酒壶中；

（3）将加力安奴、刺梨酒、可尔必思乳饮、柑橘味糖浆倒入摇酒壶中；

（4）充分摇匀后倒入载杯中，加入苹果味汽水；

（5）用橙角在杯边作装饰。

创意说明 这款鸡尾酒的创意来自李商隐《辛未七夕》一诗中的“由来碧落银河畔，可要金风玉露时”。品一口酒，仰望星空，忽闪的星星搭成一座桥，正如这杯酒，一抹悠长的橙黄色，甜在嘴里，醉在心里。

器材 摇酒壶、冰桶、冰夹、盎司器

口味特征 甘甜、爽口

范例三十四

夏夜叹

配方

蜜瓜利口酒	1盎司
百香果酒	1盎司
蓝莓浸泡酒	0.5盎司
芹菜酵素	1盎司
雪碧	适量

载杯 香槟杯

装饰物 胡萝卜雕花、苹果雕花

调制方法 摇和法、兑和法

（1）将适量冰块放入摇酒壶中；

（2）将蜜瓜利口酒、百香果酒、芹菜酵素倒入摇酒壶中进行摇和；

（3）将充分摇匀后的酒液滤入载杯中；

（4）在载杯中注入雪碧至八分满，将蓝莓酒用吧匙棒引流入杯；

（5）将装饰物置于载杯杯沿。

创意说明 此款鸡尾酒创意来源于“绿阴生昼静，孤花表春馀”一诗，绿树阴翳使白昼显得更加静穆闲适，孤花预示着剩余的春光还未消尽。蓝莓酒弥漫在酒液上层，逐渐晕开，恰似这静谧的夏夜。选用蜜瓜利口酒和百香果酒作为基酒，辅以芹菜酵素和雪碧，饮之清凉通透、清冽爽口，果香与酒香相互映衬，可解一夏之暑气。

器材 摇酒壶、吧匙棒、冰桶、冰夹、盎司器

口味特征 酒香浓郁

范例三十五

曲院风荷

配方

白朗姆酒	1 盎司
茉莉花酒	1 盎司
青瓜利口酒	1 盎司
青苹果味果泥	1 盎司
蜂蜜柚子茶	2 盎司

载杯　郁金香杯

装饰物　哈密瓜雕饰、薄荷叶

调制方法　摇和法、兑和法

（1）将适量冰块放入摇酒壶中；

（2）将白朗姆酒、青瓜利口酒、青苹果味果泥、蜂蜜柚子茶依次加入摇酒壶中，充分摇匀后将酒液滤入载杯中；

（3）将茉莉花酒引流至载杯中；

（4）将装饰物斜插在酒杯边缘作装饰。

创意说明　此款鸡尾酒名为曲院风荷，取自西湖十景中的一景名。南宋时，曲院处有座官家酿酒的作坊，取金沙涧的溪水造曲酒，闻名国内。附近的池塘种有荷花，每当夏日风起，酒香荷香沁人心脾，令人不饮亦醉，得名“曲院风荷”。此款鸡尾酒以南方特有的茉莉花酒为特征，用青瓜酒渲染的淡雅绿表现荷叶轻舞，让人喜不自禁。

器材　摇酒壶、冰桶、冰夹、吧匙棒、盎司器

口味特征　清香浓郁

范例三十六

麦田

配方

金酒	1 盎司
人参枸杞浸泡酒	2 盎司
红曲酒	0.5 盎司
苏打水	适量

载杯 异形杯

装饰物 圣女果

调制方法 摇和法、兑和法

（1）将适量冰块放入摇酒壶中；

（2）将金酒、人参枸杞浸泡酒放入摇酒壶中，充分摇匀后将酒液滤入载杯中；

（3）在载杯中注入适量苏打水，将红曲酒引流入杯；

（4）将装饰物置于杯沿。

创意说明 这款酒呈麦黄色，洋溢着丰收的气息，口味清甜又不失醇厚，契合了深秋的氛围。红曲酒漂浮其中，又渐次漾开，犹如成熟的麦穗随风飘荡。金酒的杜松子香味让其口感更加丰富，犹如置身于秋天的童话世界，表现了麦田人的守望精神，让人流连忘返、沉醉其中。

器材 摇酒壶、冰桶、冰夹、吧匙棒、盎司器

口味特征 清新甘醇

范例三十七

傲雪寒梅

配方

草莓力娇酒	1 盎司
米酒	1 盎司
草莓味果泥	0.5 盎司
火龙果酵素	2 盎司
养乐多	适量

载杯 异形杯

装饰物 哈密瓜雕饰

调制方法 摇和法、兑和法

（1）将适量冰块放入摇酒壶中；

（2）将草莓力娇酒、米酒、草莓味果泥、养乐多倒入摇酒壶；

（3）将摇和后的鸡尾酒滤入载杯中；

（4）将火龙果酵素引流入杯；

（5）将装饰物置于载杯杯沿。

创意说明 这款鸡尾酒入口香甜，草莓的果香和米酒的清香完美融合，让人心驰神往，火龙果酵素和养乐多带来了酸爽怡人的口感，酒体因火龙果的天然色而显得颜色红润，傲雪寒梅的意境独增这款鸡尾酒的东方风韵。

器材 摇酒壶、冰桶、冰夹、吧匙棒、盎司器

口味特征 酸爽怡人

范例三十八

沅有芷兰

配方

紫罗兰力娇酒	1 盎司
玫瑰露酒	0.5 盎司
蜜桃果泥	0.5 盎司
鲜榨柠檬汁	0.5 盎司

载杯 异形杯

装饰物 墨兰花瓣

调制方法 摇和法

（1）将适量冰块放入摇酒壶中；

（2）将紫罗兰力娇酒、玫瑰露酒、鲜榨柠檬汁、蜜桃果泥加入摇酒壶中，充分摇和后滤入载杯；

（3）将装饰物置于杯沿。

创意说明 这杯鸡尾酒的创意源于《楚辞·九歌·湘夫人》中的“沅有芷兮澧有兰”，用于比喻品行高洁的人。此酒用玫瑰露酒和紫罗兰力娇酒辅以鲜榨柠檬汁和蜜桃果泥，甘香尽显。杯口一朵墨兰花瓣作为装饰，紫罗兰力娇酒所呈现的淡紫色映衬着墨兰花，载杯外壁一层薄薄的冰霜仿佛水边若隐若现的水雾。

器材 摇酒壶、冰桶、冰夹、盎司器

口味特征 清新甜爽

范例三十九

那时花开

配方

蜜瓜力娇酒	1盎司
米酒	1盎司
奇异果果泥	1盎司
梨汁酵素	2盎司
可尔必思乳饮	1盎司

载杯 异形杯

装饰物 苹果片

调制方法 摇和法

（1）将适量的冰块放入摇酒壶中；

（2）再将蜜瓜力娇酒、米酒、奇异果果泥、梨汁酵素、可尔必思乳饮倒入摇酒壶中充分摇匀，然后滤入杯中；

（3）将装饰物置于杯沿。

创意说明 这款鸡尾酒的创意来源于同名小说《那时花开》。也许所有的青春都一样，色彩斑斓又充满期待。仿佛还是昨日校园，黄昏台阶上，一页页写意的诗行，在花开的季节里翻阅。这款酒既有蜜瓜力娇酒的香甜，又有米酒的醇香，还融合了乳酸菌和奇异果果泥的酸甜味，以浅绿色为主色调，凸显了涩涩温婉的青春，用苹果片做成叶形装饰，达到“以叶衬花”的效果。

器材 摇酒壶、冰桶、冰夹、盎司器

口味特征 甜爽怡人

范例四十

空对月

配方

金酒	1 盎司
黄酒	0.5 盎司
百香果浸泡酒	1 盎司
梨汁酵素	2 盎司

载杯 郁金香杯

装饰物 苹果片

调制方法 摇和法、兑和法

（1）在杯中加入适量冰块冰杯；

（2）在摇酒壶中放入适量冰块，将金酒、百香果浸泡酒、梨汁酵素加入摇酒壶中，充分摇匀后将酒液滤入冰镇后的载杯；

（3）将黄酒引流入杯；

（4）将装饰物置于杯沿。

创意说明 这款酒使用中国独有的黄酒作为核心配料，细细品味能感受到丝丝果香。酒的创意来源是李白的《将进酒》，在遇排挤陷入人生低潮时，对空邀月、吐露心声，邀三两好友登山畅叙。诗歌中透露出酣畅淋漓的洒脱，也能感受到一丝不得志的心酸，黄酒漂浮在酒液之上，犹如黄昏夜幕，无奈空对月，声声感叹。

器材 摇酒壶、吧匙棒、冰桶、冰夹、盎司器

口味特征 酸涩、微辛

范例四十一

配方	朗姆酒	1.5 盎司
	鲜榨菠萝汁	1 盎司
	鲜榨酸橙汁	0.5 盎司
	草莓果泥	2 盎司

载杯　鸡尾酒杯

装饰物　菠萝叶

调制方法　摇和法

（1）将适量冰块放入摇酒壶中；

（2）将朗姆酒、菠萝汁、酸橙汁、草莓果泥依次加入摇酒壶中，充分摇匀后将酒液滤入载杯中；

（3）将菠萝叶作装饰物。

创意说明　此款鸡尾酒名为火烈鸟，以朗姆酒为基酒，恰如其分地运用鲜果汁，保证鸡尾酒口感自然甜润。摇匀后的鸡尾酒经过滤，酒液表面上形成一层奇妙的、持久的粉红色泡沫，就像粉红色火烈鸟的羽毛一样，表达出热情洋溢的酒品主题。

器材　摇酒壶、冰桶、冰夹、盎司器

口味特征　甜润、可口

范例四十二

日色含烟

配方

樱桃力娇酒	2盎司
蓝莓浸泡酒	0.5盎司
橙汁	1盎司
梨汁酵素	2盎司

载杯 特饮杯

装饰物 橙角

调制方法 调和法、兑和法

（1）将适量冰块、梨汁酵素和橙汁依次倒入波士顿壶内，用吧匙棒搅拌均匀；

（2）将波士顿壶内的酒液滤入载杯中，将樱桃力娇酒引流入杯并轻微搅拌；

（3）将蓝莓浸泡酒漂浮于酒液之上；

（4）取装饰物置于载杯之上。

创意说明 此款鸡尾酒创意取自李白的“日色已尽花含烟”这句诗，霞光烟雾之中，鲜花笼罩于一片晚霞下，营造了夕阳西下的意境。橙汁与樱桃力娇酒交相辉映，光线渐弱，蓝莓酒的色泽预示着夜幕将至，整杯酒呈现出低沉的暮色里烟霞朦胧的景象。

器材 波士顿壶、冰桶、冰夹、盎司器、吧匙棒

口味特征 甘甜浓烈

范例四十三

西湖纵情

配方

番薯烧酒	2 盎司
红曲酒	1 盎司
黄瓜汁	3 盎司
西柚汁	0.5 盎司

载杯　异形杯

装饰物　桂花粉

调制方法　摇和法、兑和法

（1）将桂花粉粘于载杯边缘作装饰；

（2）将冰块放入载杯中，并注入黄瓜汁；

（3）将适量冰块、番薯烧酒、西柚汁倒入摇酒壶中，充分摇匀后滤入载杯；

（4）将红曲酒引流入杯。

创意说明　一勺西湖水，渡江来，百年歌舞，百年酣醉。西湖的山水滋养西湖边特有的红曲酒，番薯烧酒的浓郁清香让这款鸡尾酒带有独特的薯香味，红曲酒漂浮其中，诱人的色彩、怡人的情调，满足了人们对于湖光山水的美好想象。桂花粉作饰让一杯酒显得活泼雅致，让品尝它的人感受到鸡尾酒的亲切和自然。

器材　摇酒壶、冰桶、冰夹、盎司器、吧匙棒

口味特征　清凉爽口

范例四十四

紫水微澜

配方

紫罗兰力娇酒	1.5 盎司
桑葚酒	1 盎司
鲜奶	2 盎司
柠檬汁	1 盎司
桂花糖浆	2 茶匙

载杯 郁金香杯

装饰物 柠檬片

调制方法 摇和法

（1）将适量的冰块放入摇酒壶中；

（2）将紫罗兰力娇酒、桑葚酒、柠檬汁、鲜奶、桂花糖浆加入摇酒壶中，充分摇和后滤入载杯；

（3）将装饰物置于杯沿。

创意说明 这款鸡尾酒呈紫色，给人以一种梦幻、高雅的感觉。以紫罗兰力娇酒为基酒，加入自制桑葚酒，辅以桂花糖浆的甜美，又加入鲜奶使得酒水口感丝滑浓郁，柠檬汁的酸爽冲淡了桂花糖浆的甜腻，让品饮者顿觉神清气爽。

器材 摇酒壶、冰桶、冰夹、盎司器

口味特征 微酸、奶香浓郁

范例四十五

梦觉流莺

配方

吴宫老酒	1盎司
刺梨酒	0.5盎司
柠檬姜汁	1盎司
石榴汁	0.5盎司
蜂蜜水	2盎司

载杯 异形杯

装饰物 带叶灯笼果

调制方法 摇和法

（1）在杯中加入冰块冰杯，在摇酒壶中放入冰块；

（2）将吴宫老酒、刺梨酒、石榴汁、柠檬姜汁、蜂蜜水分别倒入摇酒壶中；

（3）将酒液充分摇匀后滤入载杯；

（4）将装饰物挂杯装饰。

创意说明 这款酒的灵感来自《夏意》，虽身处炎热盛夏，展现的却是清幽之境。淡黄色的刺梨酒犹如夏日炎热的阳光，柠檬姜汁给人清凉静谧之感，有解暑清爽之意，品饮后似有微风拂面之感，吴宫老酒的辛辣让这杯鸡尾酒时刻刺激着品饮者的味蕾。

器材 摇酒壶、冰桶、冰夹、盎司器

口味特征 清凉、微涩

范例四十六

疏烟淡日

配方

紫罗兰力娇酒	1 盎司
桑葚酒	0.5 盎司
山楂苹果酵素	2 盎司
可尔必思乳饮	1 盎司
橙味糖浆	0.5 盎司

载杯 玛格丽特杯

装饰物 黄瓜皮

调制方法 摇和法

（1）先将适量冰块放入摇酒壶中；

（2）将紫罗兰力娇酒、桑葚酒、山楂苹果酵素、可尔必思乳饮加入摇酒壶中，充分摇和后将酒液滤入载杯中；

（3）将橙味糖浆引流入杯；

（4）将装饰物挂于杯沿。

创意说明 此款酒的创意灵感来源于诗句“淡烟疏雨落花天”。用自制桑葚酒、紫罗兰力娇酒作为基酒，寓意紫气东来、吉祥如意。酸甜的山楂苹果酵素和清冽爽口的可尔必思乳饮使这款鸡尾酒口感温润，加入橙味糖浆起到增色作用，有一种拨开云雾见斜阳的意境。

器材 摇酒壶、冰桶、冰夹、盎司器

口味特征 酸甜爽口

范例四十七

笑春风

配方

配方	
蜜桃力娇酒	1 盎司
金樱子酒	1 盎司
蔓越莓汁	2 盎司
可尔必思乳饮	2 盎司
生姜红枣酵素	2 盎司

载杯　笛形香槟杯

装饰物　青苹果片、樱桃

调制方法　摇和法

（1）在摇酒壶中加入适量冰块；

（2）将蜜桃力娇酒、金樱子酒、蔓越莓汁、可尔必思乳饮、生姜红枣酵素倒入摇酒壶中充分摇匀；

（3）将充分摇匀后的酒液滤入载杯中；

（4）将装饰物置于杯沿。

创意说明　此款鸡尾酒的创意来源于《题都城南庄》一诗："去年今日此门中，人面桃花相映红，人面不知何处去，桃花依旧笑春风。"彼时，姑娘的脸庞与桃花相映衬，而今日再来时，姑娘已不知身在何处，只有桃花依旧怒放在春风中。鸡尾酒那让人心动的桃花色代表着浓浓的思念，饮用时却品出了其中的几分酸涩与无奈。

器材　摇酒壶、盎司器、冰桶、冰夹

口味特征　酸爽、怡人

范例四十八

秋山之静

配方

朗姆酒	1 盎司
桂花酒	1 盎司
青瓜汁	1 盎司
柠檬汁	0.5 盎司
洛神花茶	适量

载杯 异形杯

装饰物 苹果雕花

调制方法 调和法

（1）将适量的冰块加入波士顿壶中；

（2）分别将朗姆酒、桂花酒、青瓜汁、柠檬汁加入波士顿壶中，用吧匙棒将酒液充分搅拌后滤入载杯；

（3）将洛神花茶用吧匙棒引流入杯；

（4）将装饰物挂杯。

创意说明 这款鸡尾酒以朗姆酒和桂花酒为基酒，以洛神花茶勾勒秋山绚烂之色，主要体现深夜秋山之静。秋高气爽的深夜里，月亮从云层中钻出来，静静地将月光倾泻下来，苏醒了整个夜晚，仿佛听到盛开的桂花从枝头飘落，鸟儿从睡梦中醒过来，不时地呢喃，和着初秋山涧小溪细细的水流声，令人心旷神怡。月升、花落、鸟鸣、涧水，一款美酒藏尽寂静山林的唯美动人。

器材 波士顿壶、盎司器、冰桶、冰夹、吧匙棒

口味特征 酸爽、怡人

范例四十九

一诺千金

配方	苹果力娇酒	1 盎司
	桂花酒	1 盎司
	菠萝味果泥	1 盎司
	可尔必思乳饮	1 盎司
	西柚汁	0.5 盎司

载杯　香槟杯

装饰物　圣女果

调制方法　摇和法

（1）将适量冰块放入摇酒壶中；

（2）将苹果力娇酒、桂花酒、菠萝味果泥、西柚汁放入摇酒壶中，充分摇匀后将酒液滤入杯中；

（3）将可尔必思乳饮引流入杯；

（4）用装饰物装饰载杯。

创意说明　这是一款色彩迷人、清新扑面的鸡尾酒，犹如晨雾白雪，在冬末初春里演绎一曲新生礼赞之歌，孕育着新一年的生机和希望，品尝这杯鸡尾酒顿觉口感清新、雅致，给人以冬的问候、春的遐想。一诺千金，恰是春天对寒冬的承诺，孕育新生命的希望；恰似一代人对下一代的祝福，承诺是金，脚踏实地。

器材　摇酒壶、冰桶、冰夹、盎司器

口味特征　酸甜、爽口

范例五十

从前慢

配方

红曲酒	1 盎司
茉莉花酒	1 盎司
南瓜红枣泥	0.5 盎司
青柠汁	0.5 盎司
鸡蛋清	适量

载杯 马天尼杯

装饰物 肉桂粉、薄荷叶

调制方法 摇和法

（1）将适量冰块放入摇酒壶中；

（2）分别取红曲酒、茉莉花酒、南瓜红枣泥、青柠汁倒入摇酒壶中，最后取适量鸡蛋清加入摇酒壶后充分摇匀；

（3）将充分摇和后的酒液滤入载杯中，撒上肉桂粉，放入薄荷叶装饰即可。

创意说明 此款酒的创意是用自酿的茉莉花酒和红曲酒这两款颇具江南特色的酒为基酒，又辅以薄荷叶和少许肉桂粉作为点缀，南瓜红枣泥和红曲酒晕染出思念之情。因为有着一生只爱一人的浪漫情怀，有着对往昔故乡深深的眷恋和回味，成了一种朴素的情感寄托，凝固成一种跨越时空的希冀，一种朴素又精致的人生态度，优雅知性。通过此款酒表现出当代人对于快节奏下慢生活的无限向往。

器材 摇酒壶、冰桶、冰夹、盎司器

口味特征 酸爽、微辛

范例五十一

鸟鸣涧

配方

蜜瓜利口酒	1盎司
桂花酒	1盎司
梨汁酵素	1盎司
凤梨味果泥	1盎司
雪碧	适量

载杯　香槟杯

装饰物　新鲜樱桃、薄荷叶

调制方法　调和法、兑和法

（1）先将适量冰块放入波士顿壶；

（2）将蜜瓜利口酒、桂花酒、梨汁酵素、凤梨味果泥加入波士顿壶中，用吧匙棒充分搅拌；

（3）将搅拌好的酒滤入载杯，注入雪碧至九分满；

（4）将装饰物置于杯上。

创意说明　鸟鸣山涧，于空山幽谷之中。品一杯怡人的鸡尾酒，好似听鸟儿在山涧欢快啼鸣，慢慢地又随着暮色落入月朗星稀的夜色里。这款鸡尾酒选用了自酿桂花酒，淡淡的桂花香沁人心脾，伴着蜜瓜酒的清甜，对影成三人，夜里一片静谧，山谷悠然空空，偶有鸟鸣声声，浅酌一口，感悟大自然的力量。

器材　波士顿壶、冰桶、冰夹、盎司器、吧匙棒

口味特征　清甜、可口

范例五十二

碧秋烟微

配方

武义大曲	1 盎司
桂花酒	2 盎司
柠檬柚子水	2 盎司
猕猴桃汁	1 盎司
芋香味果泥	0.5 盎司

载杯 古典杯

装饰物 黄瓜、圣女果

调制方法 调和法

（1）先将冰块放入古典杯中进行冰杯；

（2）在波士顿壶中加入适量冰块，再将武义大曲、桂花酒、柠檬柚子水、猕猴桃汁、芋香味果泥注入波士顿壶中，并用吧匙棒进行搅拌；

（3）将调好的酒过滤到装有冰块的载杯中；

（4）将装饰物挂杯装饰。

创意说明 这款酒的创意来源于董斯张的《夜泛西湖》，"放棹西湖月满衣，千山晕碧秋烟微"描写了夜泛小舟时迷人的西湖夜景，山水在月光笼罩下显得光影绰绰。鸡尾酒中的桂花酒应了"月满衣"的意境，也是秋天对西湖的告白。加入猕猴桃汁和芋香味果泥，使这杯鸡尾酒鲜活而又灵动，果香四溢，亦幻亦真，缥缈中领略和感受西湖如仙境般的美。

器材 波士顿壶、盎司器、吧匙棒、冰桶、过滤网、冰夹

口味特征 清洌、香甜

范例五十三

离人愁

配方

伏特加	1 盎司
金樱子酒	1 盎司
梨汁	2 盎司
红石榴汁	0.5 盎司
安哥拉苦精酒	数滴

载杯 马天尼杯

装饰物 青苹果片、圣女果

调制方法 摇和法、兑和法

（1）在摇酒壶中放入适量冰块；

（2）在摇酒壶中加入伏特加、金樱子酒、梨汁，充分摇和后将酒液滤入载杯；

（3）用吧匙棒将红石榴汁引流入杯；

（4）最后在酒液表面滴入数滴安哥拉苦精酒。

创意说明 这款酒以“离人愁”命名，来源于一首江湖情怀的古风歌曲。画面唯美，宛如一幅精美画卷，银发少年望关外，琴声悠悠箫声情长，徒留思念人在往事里回想。听完歌曲饮完酒，油然而生的怅惘感。酒中滴入了苦精酒，寓意今人断了肠，今天各一方，今生与你相见无望，一杯酒寄托一段刻骨铭心的爱与哀愁。

器材 摇酒壶、吧匙棒、冰桶、冰夹、盎司器

口味特征 微辛

范例五十四

近黄昏

配方	九江封缸酒	1 盎司
	草莓力娇酒	1 盎司
	红曲酒	0.5 盎司
	苹果汁	2 盎司
	柠檬汁	0.5 盎司
	玫瑰花蜂蜜水	2 盎司

载杯 海波杯

装饰物 荔枝肉

调制方法 调和法、兑和法

（1）首先在载杯中加入适量冰块进行冰杯；

（2）在波士顿壶中加入适量冰块，然后将九江封缸酒、红曲酒、苹果汁、柠檬汁、玫瑰花蜂蜜水分别倒入波士顿壶，用吧匙棒充分搅拌后将酒液滤入载杯；

（3）将草莓力娇酒引流入杯；

（4）将装饰物挂杯装饰。

创意说明 “夕阳无限好，只是近黄昏”，将这杯鸡尾酒取名为“近黄昏”，是对良辰美景远去的叹息，不禁感怀光阴易逝，但是依旧对美好人生充满向往。饮一杯酒，仿佛和另一个时空下的自己对话，虽已近黄昏，但相信明天依旧充满希望。

器材 波士顿壶、盎司器、吧匙棒、冰桶、冰夹

口味特征 清甜可口

范例五十五

巴山日出

配方

巴山小脚楼酒	1 盎司
猕猴桃酒	1 盎司
甜橙味果泥	0.5 盎司
橙汁	3 盎司
红石榴糖浆	0.3 盎司

载杯 笛形香槟杯

装饰物 圣女果

调制方法 摇和法、兑和法

（1）在摇酒壶中加入适量冰块；

（2）将巴山小脚楼酒、猕猴桃酒、甜橙味果泥倒入摇酒壶；

（3）充分摇匀后将酒液滤入载杯中，再将橙汁注入杯中；

（4）用吧匙棒将红石榴糖浆引流入杯；

（5）用吧匙棒轻轻搅拌一圈，再将装饰物置于载杯之上。

创意说明 此款鸡尾酒主题出自赵匡胤的《咏初日》，诗人以红日初升自况，象征自己铲平割据，统一天下的雄心壮志。这款酒是由经典鸡尾酒“特基拉日出”改创而来，是中国版的“特基拉日出”，运用巴山特色的地方酒小脚楼酒为基酒，晕漾出日出东方的效果，品其味不仅有小脚楼酒的辛辣，也有红石榴糖浆和橙味果泥的酸甜。

器材 摇酒壶、盎司器、吧匙棒、冰桶、冰夹

口味特征 酸甜可口

范例五十六

百媚生

配方

西凤酒	1盎司
荔枝力娇酒	1盎司
西柚汁	1盎司
石榴汁	1匙
荔枝	数颗

载杯 利口杯

装饰物 果雕

调制方法 调和法

（1）将少量冰块、荔枝肉放入波士顿壶，用碎冰锥捣碎；

（2）将西凤酒、荔枝力娇酒、石榴汁、西柚汁倒入波士顿壶中搅拌；

（3）将充分搅拌后的酒液滤入载杯中；

（4）将装饰物置于杯沿。

创意说明 “回眸一笑百媚生，六宫粉黛无颜色”，这款鸡尾酒以荔枝为题材，将新鲜果肉与利口酒的特征发挥得淋漓尽致，呈现出淡粉色。运用陕西特色的西凤酒作为基酒，搭配南国的荔枝元素，使得这杯酒恍惚间梦回唐朝，杯中荔枝果肉若隐若现，品之有味。

器材 波士顿壶、冰桶、冰夹、盎司器、碎冰锥

口味特征 酸爽、微辛

范例五十七

配方	威士忌	2 盎司
	猕猴桃酒	1 盎司
	柠檬汁	1 盎司
	芒果味果泥	1 盎司

载杯　玛格丽特杯

装饰物　芒果片、新鲜樱桃

调制方法　搅和法

（1）将适量的冰块加入波士顿壶中；

（2）将适量碎冰、威士忌、猕猴桃酒、柠檬汁、芒果味果泥加入搅拌机搅拌，然后将酒液一起倒入载杯；

（3）用芒果片、新鲜樱桃作点缀装饰。

创意说明　此款酒是用猕猴桃酒这一中式浸泡酒和威士忌这一烈酒作为基酒，口感醇厚，又辅以柠檬汁与芒果果泥的酸甜，使得整杯酒入口柔和甜润。杯沿用芒果片和新鲜樱桃作点缀，体现出鸡尾酒的优雅、知性，也契合了“猕芒”的主题。

器材　波士顿壶、搅拌机、盎司器、冰桶、冰夹

口味特征　酸爽、可口

范例五十八

夏犹清和

配方

白朗姆酒	1盎司
猕猴桃酒	1盎司
柑橘味果泥	1盎司
柠檬汁	1盎司
玫瑰花茶	2盎司

载杯 果汁杯

装饰物 荷叶、荷花花瓣

调制方法 摇和法、兑和法

（1）在载杯中加入冰块进行冰杯；

（2）将适量冰块放入摇酒壶中，将白朗姆酒、猕猴桃酒、柑橘味果泥、柠檬汁依次加入摇酒壶中摇匀，将充分摇匀的酒液滤入载杯中；

（3）将玫瑰花茶引流入杯；

（4）将装饰物挂杯装饰。

创意说明 首夏犹清和，芳草亦未歇。这是一杯洋溢着柑橘香味的夏日清凉鸡尾酒，颜色靓丽，在炎炎夏日带给人一种清凉的感觉，荷花花瓣与荷叶组合的装饰让人仿佛留在夏日的荷花塘边。夏日午后品尝这杯花香四溢的鸡尾酒，使人疲劳顿消，赏心悦目。

器材 摇酒壶、盎司器、吧匙棒、冰桶、冰夹

口味特征 清爽、甘甜

范例五十九

若水沉香

配方

加力安奴	1 盎司
桂圆酒	2 盎司
红枣枸杞酵素	2 盎司
青柠汁	0.5 盎司

载杯　古典杯

装饰物　佛手（果）

调制方法　调和法

（1）将冰块放入载杯中进行冰杯；

（2）将加力安奴、桂圆酒、红枣枸杞酵素、青柠汁放入波士顿壶，充分摇匀后将酒液滤入载杯；

（3）将装饰物置于载杯上。

创意说明　沉香作庭燎，甲煎粉相和。沉香代表着坚实的心，谦虚如水，永远散发着芬芳。本款鸡尾酒借助沉香的意象，寓意品一杯惹尘的酒，可在纷繁的生活中慰藉心灵的疲惫，在喧嚣的尘世里享受内心的宁静。红枣枸杞酵素与青柠汁使整杯酒都弥漫着淡淡的香味。

器材　波士顿壶、冰桶、冰夹、盎司器

口味特征　酸甜、清冽

范例六十

风吹麦浪

配方

荞麦烧	1 盎司
金酒	1 盎司
加力安奴	1.5 盎司
柠檬柚子茶	2 盎司
菠萝果酱	1 盎司

载杯 异形杯

装饰物 柠檬片、麦秆

调制方法 摇和法

（1）将冰块放入载杯中进行冰杯；

（2）在摇酒壶中加入适量冰块，将荞麦烧、金酒、加力安奴、柠檬柚子茶、菠萝果酱倒入摇酒壶中摇匀，将摇和后的酒液滤入载杯中；

（3）柠檬片在杯口作装饰，插入麦秆作为创意吸管。

创意说明 这款酒外形独特、载杯迷人，如同远处蔚蓝天空下涌动着金色的麦浪，让品饮者如同置身于乡野麦田，童年的点点滴滴历历在目，充满童趣回忆。一杯带着浓郁乡土气息的鸡尾酒，勾起对往昔天真烂漫时光的回味，颇具童真情怀。酒中含有菠萝味清香和柠檬柚子茶的清甜，馥郁香甜、清冽爽口。

器材 摇酒壶、冰桶、冰夹、盎司器

口味特征 馥郁香甜、清冽爽口

第四章

鸡尾酒创新调制的设计实践

本章作品集锦是对鸡尾酒创新的全新实践。在原料选配上追求与时俱进、兼收并蓄，通过巧妙调配使基酒与配料相互融合、相互衬托，在口感和风味上追求细腻清爽、层次丰富，追求文化、艺术、美学的融合和口感创新。

作品一

缤纷夏日

配方

白朗姆酒	1 盎司
蜜瓜力娇酒	2 盎司
橙味果泥	1 盎司
柠檬汁	1 盎司
汤力水	适量

载杯 香槟杯

装饰物 柠檬片、兰花

调制方法 摇和法、兑和法

（1）在摇酒壶中加入适量冰块；

（2）将白朗姆酒、蜜瓜力娇酒、柠檬汁放入摇酒壶中，充分摇和后将酒液滤入载杯；

（3）将橙味果泥沿着吧匙棒注入杯中，用吧匙棒轻微搅拌；

（4）将汤力水倒入载杯中至九分满；

（5）将装饰物置于杯口。

创意说明 此款鸡尾酒以清新的绿色和明快的黄色为主色调，生动形象地展现出夏日独特的明朗风情，品之让人心生喜悦。明快而又丰富的色彩以渐变色唯美呈现，充分体现出夏日长饮的清凉与俏皮，让人倍感轻松愉悦。

器材 摇酒壶、盎司器、吧匙棒、冰桶、冰夹

口味特征 清凉甘甜

作品二

茶烟醉吟

配方

威士忌 1盎司
桂花酒 2盎司
西菠柳酒 1盎司
龙井茶 1盎司

载杯 马天尼杯

装饰物 灯笼果、绿叶

调制方法 调和法

（1）虎跑泉水煮开后冷却，以备制冰；
（2）用虎跑泉水制成的冰块放入波士顿壶中；
（3）在波士顿壶中依次倒入威士忌、桂花酒、西菠柳酒、龙井茶，用吧匙棒轻轻搅拌后将酒液滤入载杯；
（4）将灯笼果、绿叶做成的装饰束于杯柄。

创意说明 古有“以茶代酒”，今遇“茶酒相问”，这是一款颇具江南地域韵味的鸡尾酒，以威士忌为基酒，辅以西菠柳酒和桂花酒，龙井茶水为缀，形成“茶酒相问”的意境，于山外之青山寻香茗，于湖外之绿水觅佳酿。一缕茶烟、一抹酒香，在氤氲雾气之中，以沏茶者的心境品味鸡尾酒淡淡的清香，口味清新淡雅，体现了江南浓郁的寻茶问酒、茶烟醉吟的意象。此款鸡尾酒也体现了不同秉性的两饮——茶与酒之间的曼妙结合，古今相衬、中西合璧，一缕茶烟入醉吟，适于明月倾辉间浅酌轻饮。

器材 波士顿壶、冰桶、冰夹、盎司器、吧匙棒

口味特征 茶香缭绕、余味清凉

作品三

斗牛

配方　可可力娇酒　1盎司
椰子朗姆酒　1盎司
雪梨汁　3盎司
番茄酱　适量

载杯　三角杯

装饰物　泰椒

调制方法　调和法

（1）将适量冰块、可可力娇酒、椰子朗姆酒、雪梨汁放入波士顿壶中搅拌；

（2）将搅拌好的酒液滤入载杯中；

（3）将适量稀释后的番茄酱沿着吧匙棒注入杯底；

（4）将2个泰椒卡在载杯口作装饰物。

创意说明　此款鸡尾酒外形独特，形似“斗牛”。载杯边缘用2个泰椒作牛角装饰物，雪梨汁的清甜可口，在可可力娇酒、椰子朗姆酒的衬托下更显馥郁香甜，清冽爽口。

器材　波士顿壶、冰桶、冰夹、盎司器、吧匙棒

口味特征　清冽爽口

作品四

芳华

配方 苹果力娇酒 1.5 盎司
君度力娇酒 1.5 盎司
猕猴桃汁 1.5 盎司
柠檬汁 0.5 盎司

载杯 马天尼杯

装饰物 灯笼果、绿叶

调制方法 摇和法

（1）将适量冰块放入载杯中进行冰杯；

（2）将适量冰块放入摇酒壶中；

（3）在摇酒壶中加入苹果力娇酒、君度力娇酒、猕猴桃汁、柠檬汁，充分摇和后将酒液滤入载杯；

（4）将灯笼果和绿叶粘贴束于载杯柄。

创意说明 此款创意鸡尾酒取意自冯小刚拍摄的同名电影《芳华》，其主色调是以苹果力娇酒和猕猴桃汁渲染出的清新芳草绿。寓意在激情燃烧的岁月里追忆一代人的青春理想与成长，不仅是对懵懂青春的美丽承载，也是对未来世界的美好期许。品味此款鸡尾酒令人神清气爽、回味隽永。所谓芳华，或许就是在最美好的岁月里不曾辜负自己，珍惜当下。

器材 摇酒壶、盎司器、冰桶、冰夹

口味特征 清爽可口

作品五

粉红女郎

配方

龙舌兰酒	1 盎司
野红莓浸泡酒	1 盎司
哈密瓜果泥	1 盎司
红石榴糖浆	0.5 盎司
可尔必思乳饮	3 盎司

载杯 香槟杯

装饰物 兰花、菠萝叶

调制方法 摇和法

（1）将适量冰块放入摇酒壶中；

（2）将龙舌兰酒、野红莓浸泡酒、哈密瓜果泥、红石榴糖浆、可尔必思乳饮依次加入摇酒壶中，充分摇和后将酒液滤入载杯；

（3）将装饰物挂杯装饰。

创意说明 这款鸡尾酒色泽粉红，杯体纤瘦，如苗条淑女，兼具浪漫的气质。可尔必思乳饮的酸甜味迎合哈密瓜的果香味，使这款鸡尾酒入口甘醇，回味无穷。装饰物兰花和菠萝叶带着阳光般明媚的气息，让人不知不觉沉醉于充满甜蜜气息的季节里。

器材 摇酒壶、冰桶、冰夹、盎司器

口味特征 香气馥郁、奶香怡人

作品六

丰收

配方

黑标朗姆酒	2盎司
白可可力娇酒	1盎司
青柠汁	1盎司
雪碧	适量

载杯 香槟杯

装饰物 圣女果

调制方法 摇和法、兑和法

（1）先将冰块放入杯中；

（2）再将适量冰块、黑标朗姆酒、白可可力娇酒、青柠汁依次加入摇酒壶中，充分摇和后将酒液缓缓注入载杯；

（3）将雪碧注入杯中至八分满，用吧匙棒轻轻搅拌；

（4）将装饰物圣女果挂杯口装饰。

创意说明 此款鸡尾酒寓意着丰收的喜庆和美好，酒色泽鲜润明亮，口味香甜浓郁、酒体厚实温润，配上造型独特的圣女果装饰，亮点十足。

器材 摇酒壶、冰桶、冰夹、盎司器、吧匙棒

口味特征 香甜、清凉

作品七

风帆

配方

白朗姆酒	1 盎司
君度力娇酒	0.5 盎司
橙汁	2 盎司
蓝橙力娇酒	0.5 盎司

载杯　笛型香槟杯

装饰物　柠檬皮

调制方法　摇和法

（1）在杯中分别倒入君度力娇酒和橙汁，用吧匙棒搅拌均匀；

（2）将适量冰块放入摇酒壶中，再将白朗姆酒和蓝橙力娇酒倒入摇酒壶充分摇匀，将酒液沿着吧匙棒缓缓注入载杯中；

（3）最后用装饰物挂杯装饰。

创意说明　这款鸡尾酒的创意来源于当代大学生创业热潮，整款酒由淡蓝和淡黄双色组成，淡蓝代表大海，宽广辽阔，时而澎湃，好似大学生的激情；淡黄代表着远航在大海中的小舟，寓意着大学生在创业之海一帆风顺，所以取名为“风帆”。这款酒入口柔和，回味微辛。

器材　摇酒壶、冰桶、吧匙棒、冰夹、盎司器

口味特征　清新爽口

作品八

海滩风情

配方

蓝橙力娇酒	0.5 盎司
白朗姆酒	1 盎司
椰子朗姆酒	1 盎司
椰奶	1 盎司
无色糖浆	0.5 盎司

载杯 异形香槟杯

装饰物 橙皮

调配方法 摇和法、兑和法

（1）在摇酒壶中加入适量冰块，将椰子朗姆酒、蓝橙力娇酒和无色糖浆依次倒入摇酒壶中，充分摇匀后滤入杯中；

（2）用吧匙棒将椰奶引流入杯；

（3）用吧匙棒将白朗姆酒引流入杯；

（4）将橙皮制成的装饰物置于杯口。

创意说明 夏日炎炎、海风徐徐，给人以丝丝清凉透爽的感觉。蓝橙力娇酒经稀释后呈现出大海般明快剔透的蓝，与椰子味朗姆酒充分融合，回味隽永，舒爽之味浸润心田。浓香的椰奶配以朗姆酒入口清凉甘甜，仿佛置身于浪漫海滩。

器材 摇酒壶、盎司器、吧匙棒、冰桶、冰夹

口味特征 清润甘甜

作品九

黑美人

配方

椰子力娇酒	1盎司
百利甜酒	1盎司
椰子汁	3盎司
青柠汁	1盎司

载杯　郁金香杯

装饰物　带蝴蝶结的吸管

调制方法　摇和法、兑和法

（1）将冰块放入杯中进行冰杯；

（2）在摇酒壶中依次加入适量冰块、椰子汁、椰子力娇酒、青柠汁充分摇匀后滤入载杯；

（3）用吧匙棒将百利甜酒引流到杯中；

（4）将吸管放在杯中作为装饰物。

创意说明　远看这款创意酒仿佛亭亭玉立的美人倚在窗口翘首企盼心上人的归来。细细品味酒中淡淡的椰香和醇厚的奶香，沁人心脾、令人陶醉，流连于美人待君归的浓浓倾诉里。

器材　摇酒壶、冰桶、冰夹、吧匙棒、盎司器

口味特征　奶香浓郁

作品十

黄金凤尾

配方

加力安奴	1盎司
桂花酒	1盎司
柠檬汁	1盎司
南瓜味果泥	3盎司
芒果	1片

载杯 飓风杯

装饰物 西瓜皮

调制方法 搅和法

（1）在搅拌机中加入适量冰块；
（2）将加力安奴、桂花酒、柠檬汁、南瓜味果泥、芒果分别放入搅拌机中，充分搅拌后将酒液倒入载杯中；
（3）将装饰物挂杯装饰。

创意说明 这款鸡尾酒名称取自装饰物西瓜皮雕饰后的形状，像凤尾一样。鸡尾酒色泽鲜黄，犹如黄金，所以命名为黄金凤尾。酒中含有大量的维生素，果味浓郁，香甜可口。

器材 搅拌机、冰桶、冰夹、盎司器

口味特征 香甜可口

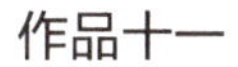

配方

咖啡力娇酒	1盎司
冰咖啡	2盎司
青柠汁	2盎司
荞麦片	适量

载杯　果汁杯

装饰物　饼干、巧克力粉

调制方法　搅和法

（1）先将适量荞麦片冲开后冷却、备用；

（2）将适量冰块、咖啡力娇酒、冰咖啡、青柠汁、荞麦片倒入搅拌机中进行搅拌，将酒液滤入杯中；

（3）最后撒上巧克力粉，并配以夹心饼干作装饰。

创意说明　人生并非一杯单品咖啡，更像这款咖啡巧酥。此款酒的创意是添加了健康的五谷元素，杂粮谷物与鸡尾酒的完美结合符合现代人品饮养生鸡尾酒的趋势。酒液入口，浓香可口。

器材　搅拌机、冰桶、冰夹、盎司器

口味特征　香味浓郁、酸甜可口

作品十二

朗姆风情

配方

白朗姆酒	2 盎司
鲜奶	5 盎司
曲奇饼	2 块
冰激凌	适量

载杯 特饮杯

装饰物 威化饼干、带叶片的菠萝锥、薄荷叶

调制方法 搅和法

（1）将适量碎冰、白朗姆酒、鲜奶、曲奇饼依次倒入搅拌机中进行搅拌；

（2）加入适量冰激凌继续搅拌，搅拌充分后将酒液倒入载杯中；

（3）将带叶片的菠萝锥装饰于杯口，薄荷叶轻放在酒面，并插入吸管和威化饼干作装饰。

创意说明 这款鸡尾酒质感厚实而又不显粗糙，品饮时可嗅到扑鼻而来的浓浓奶香以及伴之而来的薄荷清香，一种甜蜜的酥软感仿佛将品饮者带入充满南美风情的异国小镇，置身其中，流连忘返，随着桑巴舞的节拍尽情狂欢。

器材 搅拌机、盎司器、冰桶、冰夹

口味特征 甜而不腻

作品十三

乐活骑士

配方

白朗姆酒	1 盎司
猕猴桃酒	1.5 盎司
蜜瓜力娇酒	2 盎司
椰奶	1 盎司

载杯 香槟杯

装饰物 吸管、青柠皮

调制方法 搅和法

（1）将适量的冰块放入搅拌机中；

（2）将朗姆酒、猕猴桃酒、蜜瓜力娇酒、椰奶倒入搅拌机中，充分搅拌后将酒液注入载杯；

（3）将青柠皮和吸管置于杯口。

创意说明 绿色是生命色，象征着万事万物充满了生机。如今，人们愈发关注人与自然的和谐和自我的身心健康，越来越多的人开始以简单而质朴的“乐活”精神面对生活。这款酒以清净甘醇的白朗姆酒做基酒，以蜜瓜力娇酒渲染出大自然的清新绿色。用椰奶调和出酒品的顺滑甘香，用长条青柠檬皮作装饰物，勾勒出现代人崇尚自由、简单、绿色生活的理念。

器材 搅拌机、盎司器、冰桶、冰夹

口味特征 香醇、甘甜

作品十四

玫瑰香蜜

配方

白朗姆酒	1 盎司
红曲酒	2 盎司
西瓜果泥	1 盎司
胡萝卜酵素	2 盎司

载杯 玛格丽特杯

装饰物 玫瑰干花

调制方法 搅和法

（1）先将适量冰块放入搅拌机中；

（2）将白朗姆酒、红曲酒、西瓜果泥、胡萝卜酵素加入搅拌机中，充分搅拌后将酒液滤入载杯；

（3）用 3 颗干花点缀装饰。

创意说明 此款酒的新意是用红曲酒这款颇具江南吴越文化特色的地方酒为其中的基酒，又辅以西瓜味果泥的甘香，胡萝卜酵素起到调和口感的作用。杯中以玫瑰花点缀，体现出酒的优雅知性，带给人以温馨甜蜜的感觉。

器材 搅拌机、冰桶、冰夹、盎司器

口味特征 酸爽、微辛

作品十五

梦里白

配方

白可可力娇酒	1 盎司
牛奶	2 盎司
柠檬汁	0.5 盎司
凤梨果泥	1 盎司
冰激凌	一勺

载杯 玛格丽特杯

装饰物 花生仁

调制方法 搅和法

（1）将适量冰块放入搅拌机中；

（2）将白可可力娇酒、牛奶、柠檬汁、凤梨果泥、冰激凌倒入搅拌机中，充分搅拌后将酒液倒入冰镇后的载杯；

（3）将碾碎的花生仁撒在酒液上。

创意说明 曾几何时，还依稀记得儿时梦里的那条小河，月光下泛起乳白色的光亮，点点的波光下也不曾忘却的是那香香甜甜的梦和一个个酣眠的夜晚。这杯香甜可人的“梦里白”作为回味纯真童年的印记，带给人无限美好的遐想。

器材 搅拌机、冰桶、冰夹、盎司器

口味特征 果香浓郁、甜美可人

作品十六

茗品佳人

配方

朗姆酒	1 盎司
猕猴桃浸泡酒	2 盎司
椰汁	2 盎司
龙井茶	3 盎司

载杯 果汁杯

装饰物 樱桃、柠檬片、枫叶

调制方法 调和法、兑和法

（1）将适量冰块放在波士顿壶中；

（2）将猕猴桃浸泡酒、椰汁倒入波士顿壶，用吧匙棒搅拌后将酒液滤入杯中；

（3）用吧匙棒将泡制好并冷却的龙井茶缓缓引流到载杯中；

（4）让朗姆酒漂浮在酒液表面；

（5）将装饰物挂杯装饰。

创意说明 这款鸡尾酒带有绿茶特有的淡淡茶香，仿佛透着清晨薄雾中那股清新迷人的气息，空气中溢满绿茶的清香。闭上双眼，想象着龙井绿茶在酒体中曼妙轻舞，椰香与茶香相互交融碰撞，回味无穷。

器材 波士顿壶、盎司器、吧匙棒、冰桶、冰夹

口味特征 甘爽清香、回味甘甜

作品十七

南国风情

配方

椰子朗姆酒	2盎司
柠檬汁	1盎司
鲜榨芒果汁	3盎司
香蕉	半根

载杯　果汁杯

装饰物　芒果、兰花

调制方法　搅和法

（1）将新鲜芒果去皮后榨汁备用；

（2）将椰子朗姆酒、柠檬汁、鲜榨芒果汁、香蕉放入搅拌机中，加入适量冰块进行搅拌，最后将搅拌后的酒液倒入载杯中；

（3）将芒果一面切花后装饰，并插上兰花。

创意说明　这款鸡尾酒充满了南国情调，芒果和香蕉两种热带水果的香味弥漫其中，味道香甜可口，酒精含量低，是一款适合女性朋友饮用的长饮鸡尾酒。它以南国特色的原料调制而成，彰显出鸡尾酒热烈、奔放的气息。

器材　榨汁机、盎司器、冰夹、冰桶、搅拌机

口味特征　口味甜爽、果香怡人

作品十八

暖春

配方

杨梅酒	2 盎司
浓缩胡萝卜汁	3 盎司
青柠汁	1 盎司
猕猴桃汁	2 盎司
红石榴糖浆	0.5 盎司

载杯 飓风杯

装饰物 无

调制方法 摇和法、兑和法

（1）将适量冰块放入摇酒壶中；

（2）将杨梅酒、浓缩胡萝卜汁、青柠汁加入摇酒壶中，充分摇匀后滤入载杯；

（3）将红石榴糖浆沿着吧匙棒引流入杯；

（4）将稀释后的猕猴桃汁沿着吧匙棒漂浮于杯面。

创意说明 此款温暖色调的鸡尾酒有如烂漫的春天，在万物初醒的季节里看草长莺飞，丝绦拂堤；盼她如盼千树琼花，碧波涟漪；盼她如盼兰馨蕙草，润物如酥；盼她如盼春色满园，落红如雨。

器材 摇酒壶、盎司器、冰桶、冰夹、吧匙棒

口味特征 甜酸可口、甘醇浓郁

作品十九

猕足珍贵

配方

君度酒	1盎司
猕猴桃浸泡酒	2盎司
桂花糖浆	1盎司
猕猴桃	2颗
雪碧	适量

载杯 果汁杯

装饰物 薄荷叶、猕猴桃

调法方法 调和法

（1）将去皮猕猴桃和碎冰块放入调酒杯中，用碎冰锥捣碎直接放入载杯中；

（2）将君度酒、猕猴桃浸泡酒、桂花糖浆直接注入调酒杯中，用吧匙棒充分搅拌后滤入载杯中；

（3）向载杯中加入雪碧至八分满，并用吧匙棒轻轻搅拌；

（4）在杯中放入薄荷叶，并用猕猴桃切片作装饰。

创意说明 此款鸡尾酒用到了大量的猕猴桃元素，整款酒清新透亮，口味清香鲜美，酸甜宜人，酒中散发出猕猴桃特有的酸爽口感和淡淡的薄荷香，让品饮者在炎炎夏日中仿佛走入了绿荫丛中，淡绿色的酒体衬托出清新亮丽的酒品特征。

器材 调酒杯、盎司器、吧匙棒、冰桶、冰夹、碎冰锥

口味特征 清香宜人、酸甜可口

作品二十

清凉世界

配方

威士忌	1 盎司
荔枝力娇酒	1 盎司
无色糖浆	0.5 盎司
青柠汁	1 盎司

载杯 特饮杯

装饰物 薄荷叶

调配方法 调和法、摇和法

（1）先将冰块、薄荷叶依次放入杯中；

（2）将无色糖浆 1∶4 稀释后倒入载杯；

（3）将威士忌、荔枝力娇酒、青柠汁倒入放有冰块的摇酒壶内进行摇和，充分摇和后注入载杯，并用吧匙轻轻搅拌。

创意说明 这款鸡尾酒的特色源于薄荷叶特殊的香气，它和威士忌一起激发出一种诱人的清香味。品饮之后，仿佛站在高耸的冰山上，又如置身于冰河之中，让每一个细胞都能触碰到弥漫在空气中的新鲜气息，畅快徜徉其中，而内心的宁静却得到完美的呈现。

器材 摇酒壶、冰桶、冰夹、盎司器

口味特征 清新爽口

作品二十一

神话

配方

伏特加	1 盎司
自制刺梨酒	2 盎司
柠檬蜂蜜水	2 盎司
菠萝果泥	0.5 盎司
蓝柑糖浆	1 吧匙

载杯 香槟杯

装饰物 菠萝叶、青苹果片、红苹果片、红樱桃

调制方法 摇和法、兑和法

（1）将适量冰块放入摇酒壶中，柠檬汁勾兑蜂蜜水，冷却备用；

（2）将伏特加、刺梨酒、柠檬蜂蜜水、菠萝果泥等原料依次放入摇酒壶，充分摇和后将酒液滤入载杯中；

（3）用吧匙棒将蓝柑糖浆引流入杯底；

（4）将组合好的装饰物挂杯装饰。

创意说明 这款鸡尾酒的颜色以橙黄色为主，底部的渐变蓝是大海的颜色，多姿的海洋孕育着离奇的神话。当太阳从海平面升起，洒下一片令人惊喜的橙黄，带给我们期待和幻想。此款鸡尾酒口感甜美温润，甜而不腻，辛而不辣。

器材 摇酒壶、冰桶、冰夹、盎司器、吧匙棒

口味特征 甜而不腻

作品二十二

水墨丹青

配方

白朗姆酒	1 盎司
蓝橙力娇酒	1 盎司
樱桃力娇酒	1 盎司
椰奶	适量

载杯 古典杯

装饰物 无

调制方法 摇和法

（1）将适量冰块放入摇酒壶中；

（2）在摇酒壶中加入白朗姆酒、蓝橙力娇酒、樱桃力娇酒，充分摇和；

（3）将适量冰块放入载杯中，将椰奶倒入载杯至七分满；

（4）将摇和充分的酒液滤入载杯。

创意说明 此款创意鸡尾酒主色调是椰奶的纯白以及两款力娇酒混合形成的黛青色，渲染出水墨江南的意境。品尝这杯鸡尾酒仿佛置身水墨丹青画卷中，感受朴素的自然之美，为快节奏的都市生活平添一种平静和安宁的氛围。

器材 摇酒壶、盎司器、冰桶、冰夹

口味特征 清爽可口、椰香四溢

作品二十三

水乡月色

配方

君度力娇酒	1 盎司
蜜瓜力娇酒	2 盎司
花雕黄酒	1 盎司
柠檬汁	0.5 盎司
姜汁	数滴

载杯　香槟杯

装饰物　青苹果片

调制方法　摇和法、兑和法

（1）将适量冰块放入摇酒壶中；

（2）在摇酒壶中加入君度力娇酒、蜜瓜力娇酒、姜汁、柠檬汁，充分摇和后将酒液滤入载杯；

（3）将花雕黄酒用吧匙棒缓缓引流于酒液表面；

（4）将装饰物置于杯口。

创意说明　这是一款中西结合同时又凸显江南水乡韵味的鸡尾酒。选用绍兴当地最具特色的花雕酒搭配姜汁，口感清香醇厚，尽显水乡江南特色，再配以柠檬汁和君度酒，使这款鸡尾酒的口感更加丰富。花雕黄酒漂浮在酒液上，仿佛朦胧的月光洒在了静静的湖面，蜜瓜酒的淡绿色则展现了月光下秀丽水乡的清新灵动和生趣盎然。

器材　摇酒壶、盎司器、吧匙棒、冰桶、冰夹

口味特征　清香醇厚、口感丰富

作品二十四

天堂梦

配方

白朗姆酒	0.75 盎司
椰子酒	0.5 盎司
椰子果露	0.5 盎司
薄荷糖浆	1 盎司
鲜柠檬汁	0.5 盎司
苏打水	适量

载杯 特饮杯

装饰物 薄荷叶、青柠条

调制方法 摇和法

（1）先将冰块放入摇酒壶中；

（2）将白朗姆酒、椰子酒、椰子果露、薄荷糖浆、鲜柠檬汁依次倒入摇酒壶中，充分摇和后将酒液滤入载杯；

（3）加入苏打水至八成满；

（4）放入青柠条、薄荷叶作装饰。

创意说明 白色的梦，如天堂般纯洁。纤瘦的杯体塑造出鸡尾酒曼妙灵动的气质，甜爽、清新的椰子风味伴着淡淡的薄荷清香，让品饮者顿时感受到浓郁的热带岛屿风情。

器材 摇酒壶、冰桶、冰夹、盎司器

口味特征 椰香诱人、清凉可口

作品二十五

炫色春天

配方

君度力娇酒	1 盎司
苹果力娇酒	2 盎司
青苹果果泥	1 盎司
柠檬汁	1 盎司
红石榴糖浆	数滴

载杯　笛形香槟杯

装饰物　绿樱桃、苹果角

调制方法　摇和法、兑和法

（1）先在摇酒壶中加入适量冰块，再将苹果力娇酒、青苹果果泥、柠檬汁依次加入摇酒壶，充分摇和后将酒液滤入笛形香槟杯；

（2）用吧匙棒将红石榴糖浆引流至杯底；

（3）用吧匙棒将君度力娇酒引流使之漂浮在酒液的顶部；

（4）将装饰物置于杯口。

创意说明　此款创意鸡尾酒色彩绚丽，清新的果香加上香醇的君度酒营造出香甜的口感，宛如春天大地复苏、生机盎然。生活总是充满希望，给人以温暖、豪迈、积极向上的感觉。醇厚的红，品出人生百味；透亮的绿，击打出生命的轻快节奏。春晓捎来温善的晴天，人间从此繁花似锦。

器材　摇酒壶、冰桶、冰夹、盎司器、吧匙棒

口味特征　清冽爽口、果香四溢

作品二十六

血蔷薇

配方	威士忌	1盎司
	杨梅浸泡酒	1盎司
	鲜榨杨梅汁	4盎司
	蜂蜜水	1盎司

载杯 香槟杯

装饰物 柠檬、杨梅

调制方法 摇和法

（1）取新鲜杨梅300克榨汁备用，蜂蜜兑水稀释备用；

（2）将适量碎冰、威士忌、杨梅浸泡酒、鲜榨杨梅汁、蜂蜜水依次放入摇酒壶中，充分摇和后将酒液注入载杯；

（3）将装饰物挂杯装饰。

创意说明 由于酒体的颜色近似血红色，故命名“血蔷薇”，这款鸡尾酒含有大量新鲜杨梅汁，味道酸甜可口。酒中又加入了具有消暑功能的江南特色浸泡酒——杨梅酒，使其成为一款夏日的解暑良品，在炎炎夏日里给人带来一丝清凉的感觉。

器材 榨汁机、摇酒壶、冰桶、冰夹、盎司器

口味特征 酸甜可口

作品二十七

椰林飘香

配方

朗姆酒	2盎司
椰子酒	1盎司
菠萝汁	1盎司
鲜椰汁	3盎司
鲜奶	2盎司

载杯 特饮杯

装饰物 菠萝、橙角、红樱桃

调制方法 搅和法

（1）将碎冰、朗姆酒、椰子酒、鲜椰汁、菠萝汁、鲜奶依次加入搅拌机中，充分搅拌后将酒直接注入载杯；

（2）将装饰物置于载杯。

创意说明 此款鸡尾酒就如其名字一样，带着椰汁淡淡的清香，使人仿佛置身于茂密的椰林，可以让生活在快节奏城市丛林中的人停下忙碌的脚步，享受片刻的清闲与安逸，给自己一个舒缓身心的自由空间。

器材 搅拌机、冰桶、冰夹、盎司器

口味特征 甜爽

作品二十八

夜空之镜

配方

君度力娇酒 0.7 盎司
紫罗兰力娇酒 0.3 盎司
白桃乌龙萃取的金酒 1 盎司
青梅猕猴桃酵素 1 盎司
蝶恋花茶 1 盎司

载杯 异形马天尼杯

装饰物 杨桃片

调制方法 摇和法

（1）取白桃乌龙茶 5 克放入分酒器，加入适量金酒浸泡 30 秒后萃取、备用；
（2）将适量冰块放入载杯中进行冰杯，并将适量冰块放入摇酒壶中；
（3）在摇酒壶中加入君度力娇酒、紫罗兰力娇酒、青梅猕猴桃酵素、蝶恋花茶、白桃乌龙萃取的金酒，充分摇和后将酒液滤入载杯；
（4）将装饰物置于杯内。

创意说明 夜空是一面深邃的镜，星空皓月间的蓝紫色是不经意间夜的心动，不带一丝浮絮，在瑰丽深邃的无垠天际熠熠生辉。此款鸡尾酒意在表达夜空的纯净如镜，空旷纯粹。以白桃乌龙茶萃取的金酒作为基酒，淡淡的杜松子味伴着白桃乌龙茶的余香，浅酌一口，仿佛可以感受到夜空的净亮透爽。浸泡后的蝶恋花茶带着些许晶莹的光亮，更显夜空之镜的迷离变幻，青梅猕猴桃酵素则调和了整个鸡尾酒的口感，更显温润清甜。

器材 摇酒壶、盎司器、过滤网、冰桶、冰夹

口味特征 清香甘甜

作品二十九

余音

配方

龙舌兰酒	1 盎司
红葡萄酒	0.5 盎司
橙汁	3 盎司
红石榴糖浆	数滴

载杯 郁金香杯

装饰物 橙角、特型橙皮

调制方法 调和法、兑和法

（1）将适量冰块加入波士顿壶中，并依次倒入龙舌兰酒、橙汁，用吧匙棒充分搅拌后滤入载杯；

（2）用吧匙棒将少量红石榴糖浆引流至杯底；

（3）将红葡萄酒漂浮于酒液之上；

（4）将装饰物置于杯口。

创意说明 此款创意鸡尾酒酸甜可口，色彩迷人，犹如在红尘万丈中敛起所有心事，谱作天籁曲，余音袅袅，快意洒落在品饮者的心田。细细回味酒的余香，余音相伴，仿佛耳边声声轻唱，顿感远离尘嚣。

器材 波士顿壶、冰桶、冰夹、盎司器、吧匙棒

口味特征 酸甜可口

作品三十

塞上江南

配方

塞上江南酒	1 盎司
柑橘利口酒	0.6 盎司
蓝橙力娇酒	1 盎司
沙棘汁	3 盎司
红石榴糖浆	0.5 盎司

载杯 郁金香杯

装饰物 柠檬片

调制方法 摇和法、兑和法

（1）在杯中放入适量的冰块进行冰杯；

（2）杯中分别注入红石榴糖浆和沙棘汁；

（3）将适量冰块放入摇酒壶中，加入塞上江南酒、柑橘利口酒、蓝橙力娇酒，充分摇和后注入载杯；

（4）用柠檬片进行装饰。

创意说明 此款创意鸡尾酒巧妙融合了塞外的粗犷豪情与江南的温婉秀美，塞上江南酒的醇厚，承载着塞北的壮怀辽阔；柑橘利口酒带来一丝甜美的果香，为鸡尾酒增添了细腻的口感；沙棘汁和红石榴汁渲染出的清新橙黄与那一抹红犹如落日余晖。蓝橙力娇酒的透亮增添了江南韵味，引人遐思；无论是品饮者的视觉还是味觉，都能得到满足与享受。

器材 摇酒壶、盎司器、冰桶、冰夹

口味特征 清爽可口

参考文献

[1] 龙凡．酒吧服务技能课教学改革的研究与实践 [J]. 丹东师专学报，2002（3）：60-62.

[2] 韦玉芳．调酒技术在社会服务中的应有初探 [J]. 南宁职业技术学院学报，2009（3）：40-43.

[3] 陈映群．《调酒》课程项目教学的实践与思考 [J]. 职业技术教育，2009（17）：40-42.

[4] 刘晓明，容莉．谈《酒吧经营》教学中学生能力的培养 [J]. 职业教育研究，2004（2）：62.